# 안녕느린토끼의 클래식 빵

**안녕느린토끼의 클래식 빵**

2022년 11월 25일 1판 1쇄 발행
2023년 11월 15일 1판 4쇄 발행
—
**지은이** 고윤희
**펴낸이** 이상훈
**펴낸곳** 책밥
**주소** 03986 서울시 마포구 동교로23길 116 3층
**전화 번호** 02-582-6707
**팩스 번호** 02-335-6702
**홈페이지** www.bookisbab.co.kr
**등록** 2007.1.31. 제313-2007-126호
—
**기획** 박미정
**디자인** 디자인허브(@monthly_designhub)
**사진** 조정은(@jeongeun_jo)
**조판** 디자인허브, 김희연
**교정** 오정아
—
**ISBN** 979-11-90641-90-6 (13590)
**정가** 25,000원



**책밥**은 (주)오렌지페이퍼의 출판 브랜드입니다.

# THE CLASSIC
# 안녕느린토끼의 클래식 빵

느릿느릿 맛있게 굽는 베이킹 레시피 북

# BREAD

고윤희 지음

책밥

# 머리말

이제 빵은 흔한 음식이 되었습니다.
한 끼의 충실한 식사가 되기도 하고, 가벼운 주전부리가 될 수도 있는 어디서나 쉽게 구할 수 있는 음식입니다. 하지만 이 흔한 음식은 그것을 만드는 이에게 만큼은 그리 만만하지 않습니다. 빵을 만드는 것은 시간적, 물리적, 심리적 여유가 있어야 할 수 있는 일이기 때문입니다.

저는 홈베이커였습니다. 빵을 만드는 공간이 집에서 공방으로 바뀌었지만, 매일 반죽을 만지는 모습은 그때와 크게 달라지지 않았습니다. 돌아보면 저는 어렸을 때부터 빵을 좋아했습니다. 빵이 맛있기도 했지만 빵의 냄새, 동그란 모양, 먹음직스러운 색, 부드러운 감촉 그 모든 것이 만족스럽고 바라만 봐도 기분이 좋았습니다. 그래서인지 돌고 돌아 늦은 나이에 결국 빵을 만드는 사람이 되었습니다.
좋아서 시작한 일이고 이렇게 좋아하는 빵을 거의 매일 만들다시피 하지만, 베이킹이 항상 즐겁지만은 않습니다. 특히 사계절이 뚜렷한 우리나라에서 온도와 습도에 민감한 빵을 만든다는 것은 레시피만으로 명확히 할 수 없는 일이었습니다. 그래도 손을 놓지 못하는 이유는 베이킹이 지속성을 가지고 있어 잠시라도 손을 놓으면 처음부터 다시 시작해야 하기 때문입니다. 그만큼 베이킹은 쉽지 않았습니다. 쉬운 일이었다면 예전에 이미 다 끝냈다며 손을 탁탁 털고 일어났을 거예요. 하지만 만드는 사람이 아닌, 즐기는 사람으로 베이킹을 바라본다면 빵은 허전한 뱃속을 채우는 따뜻한 음식이고 누군가와 함께 먹으며 마음을 주고받는 매개체일 것입니다.
빵에 정답은 없습니다. 한 끼 맛있고 즐겁게 먹었다면 그것이 정답이고 빵의 소임을 다한 것입니다. 그 빵을 만드는 과정이 즐거웠다면 더욱 그러하고요.

계량부터 빵이 구워져 나오는 순간까지 빵을 만드는 과정은 흥미진진한 여행과 같습니다. 늘 예기치 못한 순간을 맞닥뜨리게 되고 그에 따른 결과에 웃기도 울기도 합니다. 빵이 잘 나오든 그렇지 못하든, 일단 나온 빵은 만든 이에게 교훈을 주고 가르침이 됩니다. 또한 그렇게 만들어진 빵은 누군가의 양식이 되기도 하고 누군가를 친구로 만들어주기도 합니다. 이 과정이 주는 만족감은 너무나 커서 호호 할머니가 되어도 빵을 굽고 싶은 마음입니다.
행복을 주지만 어렵게 여겨지는 베이킹이 좀 더 편안한 일이 되기 바라는 마음으로 이 책을 썼습니다. 누군가를 위해 소박한 밥상을 차리는 것처럼 빵을 만드는 것도 자연스러운 일이었으면 합니다.

이 책은 빵의 클래식이라고 할 수 있는 품목들로 구성했습니다.
첫 번째 장에서는 상업용 이스트를 사용하는 빵에 대해 다루었습니다. 다양한 사전 반죽을 사용하는 방법과 그 장단점을 알고 빵과 친숙해질 수 있도록 했습니다.
두 번째 장은 르방만을 사용하여 만드는 빵으로 구성했습니다. 이스트를 사용한 빵과는 만드는 과정도 결과물도 확연히 다른 개성을 느낄 수 있습니다.
세 번째 장은 호밀빵에 대해 다루었습니다. 호밀 르방을 사용하는 방법과 호밀만이 가진 특징과 주의점에 대하여 이야기했습니다.
또한 발효 시간에 따른 결과물의 특징을 다루고, 믹싱 시간에 따라 반죽이 어떻게 변해가는지 볼 수 있도록 했습니다. 사용한 재료는 구하기 쉬운 것들로 구성했고 밀가루는 되도록 소분 판매하는 것들로 선택했습니다.

올해 초 출판사의 제의를 받았습니다. 경험도 능력도 부족한 저에게 출판은 단번에 거절할 만큼 부담스러운 일이었습니다. 하지만 친구들의 응원에 힘을 입어 용기를 끌어내고 조심스럽게 첫발을 내디뎠습니다.
마음의 각오를 단단히 하고 시작했지만, 책을 완성해가는 과정은 생각보다 훨씬 벅찬 일이었습니다. 수십 번의 테스트로도 만족할 만한 결과를 만들어 내지 못하기도 했고, 처음의 당찬 포부와 계획은 시간이 지나면서 점점 작아지기도 했습니다. 과연 내가 이 일을 완성할 수 있을까 하는 두려움도 있었습니다. 그래도 매 순간 최선을 다했고 약속된 시간에 마침표를 찍을 수 있었습니다.
식사가 되는 빵을 집에서도 편안하게 만들어 먹는 데 이 책이 조금이나마 도움이 되기 바랍니다.

가진 모든 것을 다 쏟아부으라 말씀해 주신 제레미 볼레스터(Jérémy Ballester) 선생님, 언제나 내 일처럼 걱정해주고 안부를 물어주는 양희 씨, 지은 씨, 기꺼이 감수를 도맡아 주신 진순 님, 도서출판 책밥의 박미정 이사님, 그리고 어떤 선택을 하든 늘 내 편이 되어주는 엄마, 하고 싶은 것은 뭐든 해보라 지지를 아끼지 않는 남편과 아이들에게 감사의 마음을 전합니다.

고윤희 드림

풀리쉬 치아바타(89쪽)

르방 치아바타(97쪽)

손 크루아상(111쪽)

빵 오 쇼콜라(123쪽)

바닐라 퀸아망(129쪽)

크랙 시오빵(65쪽)

깜파뉴(161쪽)

바게트(181쪽)

# 차 례

## CHAP 2 상업용 이스트 없이 르방을 사용한 빵



## CHAP 3 상업용 이스트 없이 호밀 르방을 사용한 빵

## 빵에 대하여

빵이란 효모를 사용하여 반죽을 믹싱하고 발효하여 부풀려 구운 것으로, 기본적으로 밀가루, 물, 소금과 이스트를 넣어 만든다.
제빵과 제과를 베이킹(Baking)이라 통칭하기도 하지만 사실 제빵은 효모를 사용하여 발효하고 맛을 낸다는 점에서 제과와는 크게 다르다.
개인적으로 빵은 맛있어야 한다고 생각한다. 식사 빵이면 식사에 어울리고 영양적으로도 손색이 없어야 하고, 간식 빵이면 혀가 즐겁고 만족스러워야 한다고 생각한다. 하드 계열 빵은 주로 식사 빵으로 사용되므로 담백한 맛을 살리고 다른 음식과 페어링이 자연스럽도록 부재료를 제한하여 사용한다. 부재료의 사용이 적어 밀가루, 소금, 물, 효모만으로 맛을 내다 보니 발효나 맛을 내는 제법, 굽기 등에 신경을 더 써야 한다. 반면 소프트 계열 빵은 부드러운 맛을 내야 하므로 유지류나 유제품, 달걀, 설탕 등의 부재료를 사용해 주로 간식용으로 많이 먹는다. 하지만 요즘은 그런 경계도 점차 사라지는 추세다.

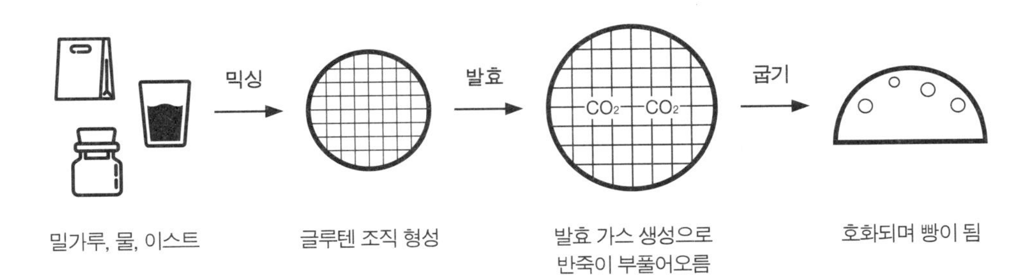

# 빵의 첫 번째 재료 밀가루

밀가루는 빵을 만드는 데 있어 가장 중심이 되는 재료다. 만들고자 하는 품목이 결정되면 그에 맞는 밀가루를 선택해야 목표한 맛과 식감을 낼 수 있다. 또 만드는 공정에도 가장 많은 영향을 끼치는 재료인 만큼 밀가루 선택은 아주 중요하다.

우리나라에서 밀가루는 크게 강력분, 중력분, 박력분으로 나누고 있지만 브랜드에 따라서 밀가루의 성질과 맛이 모두 다르다. 또 최근에는 여러 국가에서 밀이 다양하게 수입되고 있어 베이커는 더욱 신중하게 밀가루를 선택해야 한다. 예를 들어 '튀르키예(Türkiye)산 유기농 강력분'의 경우 브랜드별로 수분율이나 맛에 크게 차이가 없어 보이지만 막상 빵을 만들어 보면 확연히 다른 개성을 보여 준다. 'T65 트레디숀'이라는 프랑스산 밀도 제조회사에 따라 성질의 차이가 크다. 이러한 차이는 믹싱부터 발효 등 빵을 굽는 전 과정에 영향을 끼친다. 특히 프랑스산 밀은 같은 브랜드의 밀이라도 해마다 기후와 보관 상태에 따라 아주 다르게 느껴지기도 한다. 이 밀가루에 맞는 레시피가 올해는 괜찮았지만 내년에는 전혀 맞지 않을 수도 있다는 말이다.

이 책에서 사용한 밀가루는 품목에 어울리는 맛과 식감, 작업성, 구매의 편의성 등을 종합적으로 판단해서 선택했다. 또한 되도록 해가 바뀌어도 편차가 적은 밀 위주로 선택하려 했다. 이 책에 수록된 레시피에서 제시한 밀가루를 바꾼다면 레시피의 일부 조정이 불가피할 수도 있다. 프랑스 밀과 단과자빵이나 식빵에 적당한 마루비시 강력분 K-블레소레이유와 미국산 호밀 및 통밀을 선택했다. 그리고 우리나라에서 제분하여 블렌딩한 맥선 유기농 강력분도 사용 범위가 넓다고 판단하여 사용했다

TRADITION
T65
TRADITIONAL FRENCH BREAD FLOUR

SAJO
100%
PURE
GREEN
유기농밀가루
제빵용
유기농 밀 100%
강력분

farine de blé
100% locale
M
1898
Minoterie
Valty

marubishi
K Ble-soleil
케이-블레소레이유
제빵용 고급 강력분
20 kg

100% Stone Ground
유기농호밀가루
ORGANIC DARK RYE
FLOUR
1 Kg

HEARTLAND
MILL
100% STONE GROUND
유기농 통밀가루
Organic whole wheat flour
ORGANIC FLOUR
BEST BAKING FLOUR
2.27kg

프랑스 밀은 T45, T55, T65, T110, T130, T150 등으로 표기한다. T 뒤의 숫자는 밀가루를 태웠을 때 처음의 밀가루 대비 남은 재의 양에 대한 퍼센티지(%)다. T45는 밀가루 속에 회분의 함량이 낮은 것을, T150은 높은 것을 말한다. 숫자가 높아질수록 밀가루 색이 짙어지고 껍질 비율이 높아 거칠다. 이 책에서 사용한 T65는 프랑스 전통 빵인 바게트나 깜파뉴와 같은 하드 계열의 빵에 어울리는 밀가루이다. T55는 바게트나 비에누아즈리, 구움 과자 등에도 두루 사용한다.

회분(미네랄) 함량에 따른 프랑스의 밀가루 분류

우리나라는 밀가루를 크게 강력분, 중력분, 박력분으로 나눈다. 프랑스 밀처럼 회분율을 측정하지 않고 밀가루의 단백질 함량에 따라 구분한다. 강력분은 단백질 함량이 12~14%이고, 중력분은 10~12%, 박력분은 9% 안팎이다. 하지만 똑같은 강력분(strong flour)이라고 이름 붙여져 있어도 수입산 밀과 우리나라의 강력분은 다를 수 있다.

단백질 함량에 따른 우리나라의 밀가루 분류

통밀가루는 밀 알곡 전체를 제분한 것으로 껍질을 포함하고 있어 식이섬유와 미네랄이 풍부하고 백밀에 비해 풍미가 짙다. 호밀은 북유럽과 동유럽에서 주로 재배되며 기후가 좋지 않고 토양이 척박해도 잘 자라는 곡식으로 서민의 밀가루였다. 하지만 지금은 그 특유의 향과 맛, 영양학적 이점으로 식사 빵에 많이 쓰인다. 보통의 밀가루와는 재배환경이 다르고, 성질과 맛도 달라 빵을 구울 때도 다른 주의점들이 있다.

3
3
1

paysan
BRETON
Le Beurre Moulé
- Doux -
Fabriqué dans notre entreprise coopérative
7

4

6

2

5

# 재료 알아보기

## 1. 물

물은 밀가루가 가장 먼저 만나는 재료이다. 물은 밀가루 속의 글루테닌과 글리아딘을 결합해 빵의 구조가 되는 글루텐을 만드는데 중요한 역할을 한다. 또 다른 부재료를 반죽 속에 녹여 섞이게 하고 효소의 작용을 활발하게 하여 효모가 활동할 수 있는 환경을 만든다.
만들고자 하는 품목에 따라 적절한 양과 온도를 맞추어 믹싱하면 최상의 반죽 상태를 만들 수 있다.
정수된 물은 미네랄이 깨끗하게 걸러져 빵 반죽에 적합하지 않다. 종종 르방이나 반죽에 정수된 물을 사용하여 낭패를 겪는 경우를 본다. 특히나 하드 계열의 빵은 물에 따라 더 예민하게 반응할 수 있다. 물은 산도가 중성에 가까운 수돗물을 사용하는 것이 적당하다.

글루테닌 + 글리아딘 ↓물 = 글루텐

## 2. 소금

모든 재료가 가진 고유의 맛을 살리는 재료로 소금만 한 것이 없다. 소금은 밀가루가 가진 고유의 풍미를 분명하게 한다. 소금이 특별한 맛을 가지고 있어서가 아니다. 짠맛 그 자체만으로 다른 여러 가지 맛을 돋보이게 하기 때문이다. 종종 어떤 브랜드가 맛있냐는 질문을 받지만, 빵에서 소금의 브랜드는 그다지 크게 중요하지 않다. 사실 소금은 맛보다는 반죽 속에서의 기능적인 역할이 크다. 빵의 구조를 탄탄하게 하고, 발효 속도를 조절한다. 만일 재료에서 소금을 뺀다면 반죽은 흐물거리고 끈적이며 발효도 빠르게 진행될 것이다. 또한 먹음직스러운 색을 내기도 어려워진다. 소금을 깜박 잊고 넣어 보지 않은 경험은 다들 한 번씩은 있을 것이다. 이상하게 늘어지고 발효도 빨리 끝나고 색도 허여멀건한 빵을 다들 만들어 본 적이 있지 않은가.

## 3. 유지류(버터, 식물성 오일)

빵 반죽에 유지류를 사용하면 식감을 부드럽게 하고 노화를 늦춰 오랫동안 보관할 수 있다. 약간의 버터를 사용하는 것만으로도 빵의 볼륨을 좋게 하고 풍미를 주며 먹음직스러운 색도 낸다. 빵에 쓰이는 유지류로는 버터와 식물성 오일, 그리고 라드나 쇼트닝 등이 있다.

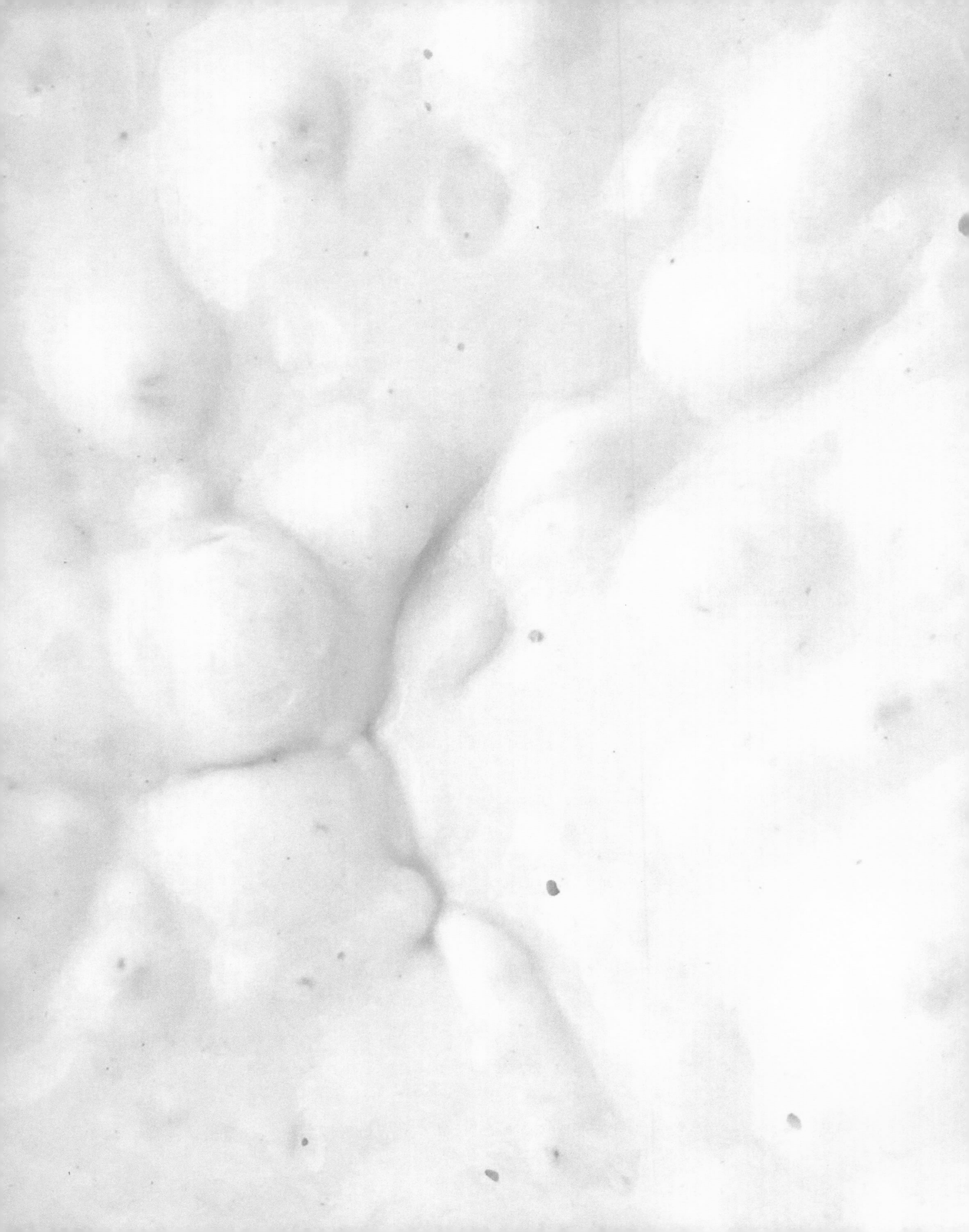

### 4. 효모

이 책에서는 상업용 이스트와 '사워도우' 혹은 '르방'이라고 부르는 자연 발효종을 사용한다. 상업용 이스트는 맥주를 만드는 과정에서 생성된 단일 효모를 집약해 놓은 것이다. 이것은 반죽을 짧은 시간에 가볍고 부드럽게 부풀리지만, 빠른 발효로 인해 풍미가 부족할 수 있다. 상업용 이스트와 달리 르방은 여러 가지 효모와 유산균의 집합체이다. 여러 종류의 미생물이 빵에 다양한 풍미를 주지만, 상업용 이스트에 비해 발효력이 떨어져 작업자의 더 많은 시간과 수고가 필요하다.
이스트는 다른 재료와 다르게 생명력을 가지고 있는 미생물이다. 미생물은 작지만 스스로 움직여 베이커의 뜻대로 완벽히 통제하기 어렵다. 개인적으로 가장 어렵다고 느껴지는 재료다.

### 5. 설탕(꿀)

설탕은 1차적으로 빵에 단맛을 준다. 효모의 먹이가 되기도 하고 빵에 먹음직스러운 색을 내고 보습 작용도 한다. 하지만 반죽에 설탕량이 많아지면 삼투압 작용으로 이스트의 발효력이 떨어진다. 가루를 기준으로 설탕이 10%가 넘어가면 내당 능력을 갖춘 효모를 사용하거나 이스트 양을 늘려야 한다.

### 6. 탈지분유

탈지분유는 원유의 지방을 제거하고 분말 형태로 만든 것이다. 전지분유는 물에서 지방이 분리되는 현상이 있어 제빵에서는 주로 탈지분유를 사용한다. 탈지분유는 보관성이 좋고 경제적이며 사용이 간편하고 빵의 풍미를 올려준다. 탈지분유를 사용하면 반죽의 힘이 좋아지고 빵의 부피도 증가하며 껍질 색도 진해진다.

### 7. 달걀

달걀은 지방, 단백질과 수분으로 이루어져 있다. 달걀의 흰자는 수분과 단백질로 이루어지는데 가열되면서 빵의 구조를 탄탄하게 하고 볼륨을 준다. 노른자는 다양한 영양소와 지방으로 이루어져 있으며 이 중 레시틴은 유화제 역할을 하여 유지류가 반죽 속에 잘 스미게 한다. 이 밖에도 영양적인 면에서도 우수하고 맛있는 색감을 준다.

8-⑨
8-②
8-⑥
8-⑩
용기
전원
WK-4CII
CAS
8-④
4
TEMPERATURE
CLOCK / HUMIDITY
HTC-1
3
8-⑦
3
8-①
DORCO
ZARAKER
BASIC
3.5m
3
MIN
SEC
START/STOP
8-⑤
8-⑧

# 도구 알아보기

## 1. 오븐

오븐은 위, 아래 열선으로 내부 온도를 만드는 ①데크 오븐과 뜨거운 바람을 일으켜 온도를 만드는 ②컨벡션 오븐으로 나뉜다. 각각의 오븐은 특성이 있고 장단점도 있다. 그래서 빵의 품목에 따라서 더 적합한 오븐이 따로 있는 것은 사실이다. 하지만 현실적으로 갖가지 오븐을 모두 구비하기는 어렵다. 다만 각기 오븐의 장단점을 파악하고 보완하여 사용한다면 얼마든지 만족스러운 빵을 만들 수 있다. 이 책에서는 가정용 우녹스 컨벡션 오븐과 비숀 데크 오븐을 사용했다.

## 2. 믹싱기

믹싱기는 스파이럴 믹서, 버티컬 믹서를 많이 사용하는데 이 책에서는 가정용 버티컬 믹서인 10ℓ 용량의 파운터를 사용했다.

## 3. 온도계

반죽 온도, 물 온도를 체크 하기 위한 필수 도구이다. 실내온도, 습도를 체크 하는 온도계와 오븐 속의 실 온도를 측정하는 오븐용 온도계도 있으면 작업하기 더욱 수월하다.

## 4. 저울

베이킹에서 정확한 계량은 필수다. 이스트나 소금처럼 소량으로도 반죽에 큰 영향을 미치는 재료는 전자저울로 계량하는 것이 좋다.

## 5. 더치 오븐

베이킹 스톤이 여의치 않을 때는 더치 오븐을 사용할 수 있다. 이 또한 데크 오븐과 비슷한 환경을 만든다.

## 6. 베이킹 스톤

베이킹 스톤은 컨벡션 오븐에서 돌판이 깔린 데크 오븐과 비슷한 환경을 만들어 준다. 하드 계열 빵을 돌판에 구우면 지속적인 바닥 열로 인해 알루미늄이나 철판에 구운 것보다 훨씬 가볍고 볼륨 있게 구워진다.

## 7. 발효통

각 반죽에 적당한 발효통을 선택하는 것이 중요하다. 양이 적고 무른 반죽을 넓은 발효통에 발효하면 그 반죽은 힘없이 퍼지면서 발효된다. 반죽의 양과 힘에 적절한 크기의 발효통을 선택하고 발효하는 것이 좋다.

## 8. 그 밖의 소도구

①스크래퍼, ②믹싱 볼, ③캔버스 천, ④반느통(Banneton), ⑤쿠프 칼, ⑥밀대, ⑦빵 틀 ⑧타이머 ⑨장갑 ⑩주걱 등….

# 밀가루가 빵이 되기까지

믹싱 - 1차 발효 - 접기 - 분할, 가성형 - 휴지 - 성형 - 2차 발효 - 쿠프 - 스팀 - 굽기

## 1. 믹싱

믹싱은 빵을 만드는 데 있어서 첫 단추와 같다. 단순히 재료를 섞는 것뿐만 아니라 글루텐을 발달시켜 발효 중에 생기는 가스를 보전하고 빵의 모양과 구조를 만드는 토대가 되는 단계이다. 밀가루 속의 탄력을 담당하는 글루테닌과 늘어나는 성질을 지닌 글리아딘이 균형 있게 발달하도록 믹싱을 해야 하고 만들고자 하는 품목에 맞게 적절한 믹싱을 해야 한다. 품목에 맞는 적절한 믹싱이 이루어졌을 때 이후의 과정도 수월하게 진행된다. 믹싱이 의도와 다르게 이루어지면 뒤의 모든 과정도 계획과 달라진다.

믹싱의 정도는 발효 시간을 고려하여 결정해야 한다. 발효 시간이 긴 하드 계열은 긴 발효 시간 동안 반죽이 약화한다. 발효가 긴 깜파뉴 반죽을 식빵 반죽과 같이 믹싱하면 굽기 전에 무너져 무거운 빵이 나온다. 반대로 프레첼과 같이 아예 1차 발효가 없거나 짧은 반죽은 충분히 믹싱해야 입에서 부담스럽지 않다.

사전 반죽을 사용할 때도 믹싱에 주의해야 한다. 이미 발효가 된 풀리쉬나 르방이 다량 들어가는 반죽은 그렇지 않은 반죽에 비해 믹싱이 빨리 완료된다. 사전 반죽이 발효되면서 이미 글루텐이 발달해 버렸기 때문이다. 이는 오토리즈 과정을 거친 반죽도 마찬가지다. 밀가루에서 활성화된 효소인 프로테아제가 전분과 단백질을 분해하여 전분은 설탕으로 바뀌고 단백질은 글루텐으로 재결합하기 때문에 믹싱 시간이 줄어들게 된다.

반죽 온도와 반죽의 수분율도 믹싱 시간에 영향을 준다. 같은 재료의 레시피라도 반죽 온도가 높을 때와 낮을 때의 믹싱 정도가 확연히 다르다. 온도가 높을 때는 반죽은 쉽게 지칠 수 있다. 물 온도를 계산하여 일정한 반죽 온도를 맞추는 이유이다. 너무 높거나 너무 낮은 수분율의 반죽도 믹싱이 길어질 수 있다.

반죽 양에 따라서도 믹싱 시간이 달라질 수 있다. 이론상으로는 반죽 양이 적으면 볼에 닿는 면적이 상대적으로 많아지기 때문에 믹싱이 빨리 완성된다. 하지만 막상 해보면 반죽 양이 너무 적으면 헛도는 횟수가 많아지면서 오히려 믹싱 시간이 길어지기도 한다. 그렇지 않다고 해도 이론이 반드시 맞아떨어지지 않을 수 있다. 믹싱의 정도는 항상 반죽 상태로 판단하는 것이 보다 정확하다.

### 믹싱 시간에 따른 반죽의 변화

수업을 진행하면서 생각보다 많은 사람이 믹싱에 대해 깊이 생각하지 않고 믹싱의 단계에 따른 변화를 잘 모른 채 빵을 만든다는 것을 알게 됐다. 그래서 믹싱의 전 과정을 사진으로 담아보았다. 다만 반죽은 백설 강력분을 사용한 기본적인 식빵 반죽의 배합으로 모든 품목의 반죽이 이에 꼭 들어맞지는 않는다. 믹싱의 정도는 밀가루나 부재료에 따라 달라질 수 있다. 여기서는 반죽이 어떻게 변해 가는지에 초점을 두고 보기 바란다.

사진은 5분까지는 1단으로 믹싱했고 6분부터는 2단으로 믹싱한 것이다. 믹싱기는 10ℓ 가정용 파운터를 사용했다.

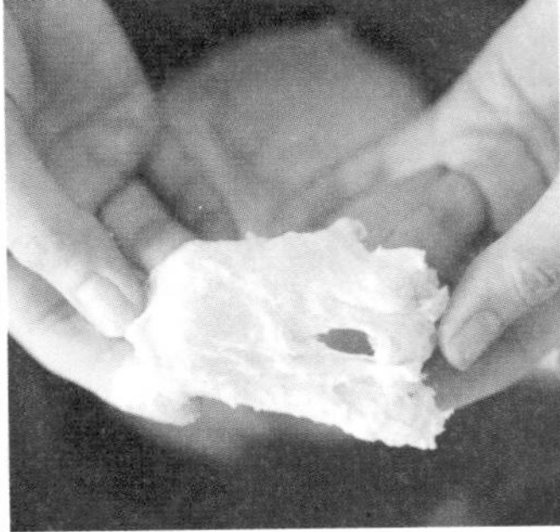

**1~5분** 재료가 섞이고 반죽이 한 덩이로 뭉치는 단계이다.

**7분** 반죽에 탄력이 생기기 시작하고 아직은 반죽의 표면이 거칠다.

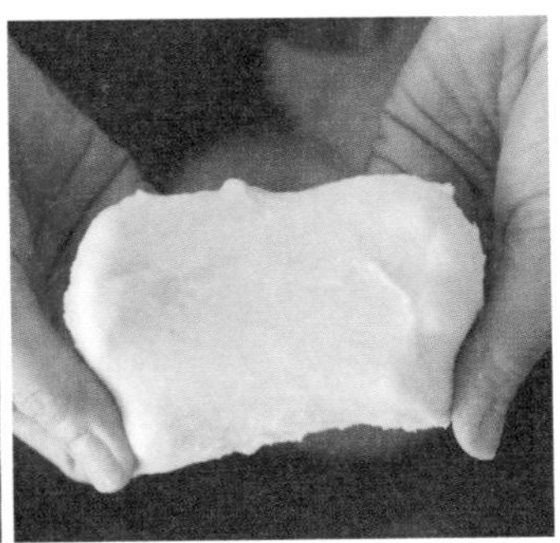

**8분** 글루텐이 어느 정도 잡힌 단계이다.

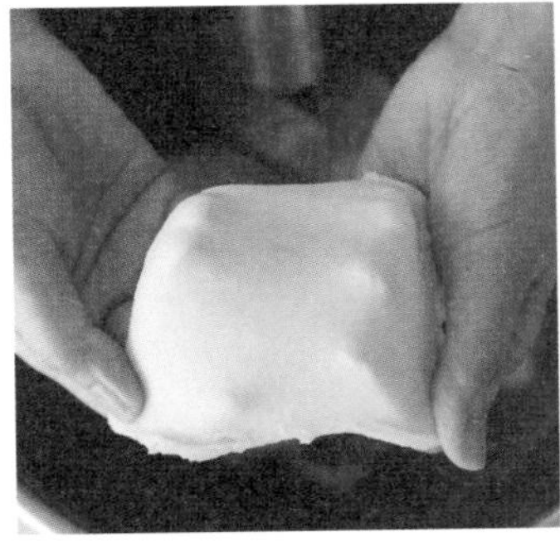

**9분** 탄력이 최고조에 달하고 이제 신장성이 생기기 시작한다.

**11분** 반죽의 표면이 매끈하고 윤기 있으며 찢어지지 않고 탄탄하게 늘어난다.

**13분** 신장성이 많이 발달하여 반죽을 늘렸을 때 찢어지지 않고 쉽게 늘어난다. 반죽에 공기도 많이 섞인 상태이다. 손으로 얇게 늘려 보았을 때 반죽에 공기가 많이 들어간 것을 볼 수 있다.

**14분** 탄력은 거의 없고 약해져 잘 찢어진다.

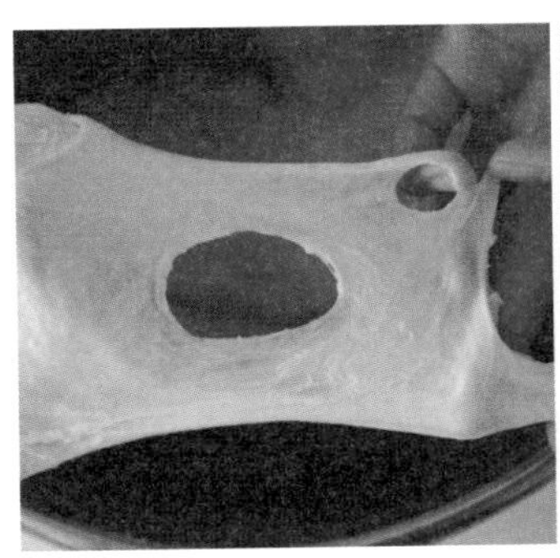

**17분** 탄력과 신장성을 모두 잃고 반죽의 표면이 거칠어진다.

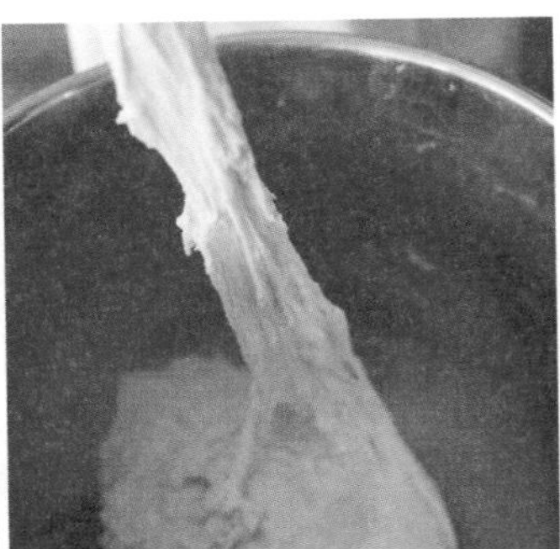

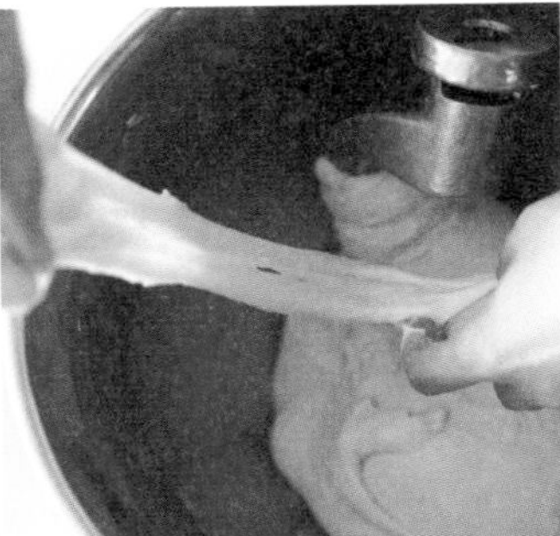

**20분** 반죽이 손에 끈적하게 달라붙으며 반죽을 사진처럼 들고 있으면 계속해서 늘어난다. 반죽으로서의 생명이 다한 상태이다.

## 2. 1차 발효

일반적으로 믹싱이 완료된 후부터 분할하기 전까지의 과정을 말한다. 빵에서의 발효는 **사전 발효**, **1차 발효**, 휴지라고 부르는 **중간 발효**, **2차 발효**와 **오븐 속에서의 발효**까지 여러 단계의 발효가 있지만 가장 중요하고 비중이 큰 발효는 1차 발효이다. 발효로 맛을 내는 빵은 1차 발효의 영향이 지대하다. 1차 발효가 잘된 반죽은 맛도 좋지만 1차 발효 이후의 공정도 수월하게 진행된다. 반면에 1차 발효가 부족한 반죽은 반죽에 힘이 들어가지 않고 2차 발효도 정상적으로 진행되지 못하여 빨리 쳐진다. 결과물도 풍미는 떨어지고 볼륨이 작을뿐더러 껍질도 두껍다. 색도 잘 나지 않는다. 1차 발효가 과한 반죽도 마찬가지다. 끈적이고 힘이 빠지고 늘어져 성형이 힘들고 2차 발효도 일찍 끝나 버린다. 1차 발효와 2차 발효는 별개로 놓고 이야기할 수 없다. 1차 발효가 적절해야 2차 발효도 정상적으로 진행된다. 잘못된 1차 발효를 2차 발효로 보완하는 데에는 한계가 있다. 그러므로 1차 발효만 잘해도 절반 이상은 성공했다고 할 수 있다.

## 3. 접기

접기는 어찌 보면 믹싱의 연장선이다. 과하고 빠른 속도의 믹싱은 밀가루의 맛과 향을 달아나게 하므로 보통은 기계 믹싱에 접어주기를 적절히 더하여 반죽을 최상의 상태로 만든다.
이것은 글루텐을 발달시키는 것 외에 다른 부수적인 효과도 가져온다. 반죽을 접어줌으로써 반죽을 환기하고 발효를 촉진한다. 반죽과 발효 온도의 차이가 클 때는 반죽 내부와 외부의 온도를 균형있게 해야 한다. 또한 반죽을 접을 때는 반죽의 힘을 고려하여 횟수와 방법을 조절해야 한다. 과도한 접기는 힘이 너무 세져 오히려 볼륨이 작은 빵이 만들어질 수도 있기 때문이다. 힘이 좋은 밀가루를 사용하고 열심히 접어 반죽이 탄탄한데 왜 내 깜파뉴는 속이 답답하고 볼륨이 시원하지 못할까 고민할 수 있다.

+ 무반죽법은 기계 반죽을 하지 않고 손으로 접어 반죽의 구조를 만드는 방법이다. 하지만 밀가루를 물과 섞지 않고 믹싱이 될 수는 없다. 기계 믹싱을 하지 않고 손으로 접어 만들어도 마찬가지로 반죽이고 믹싱이다. 반죽을 접는 것으로 글루텐을 발달시켜 믹싱을 대신하는 것이다.

**반죽 힘에 따른 결과물**

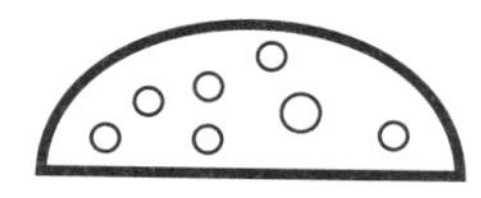

**반죽의 힘이 부족한 경우**
빵의 엉덩이가 퍼지고 볼륨이 작다.

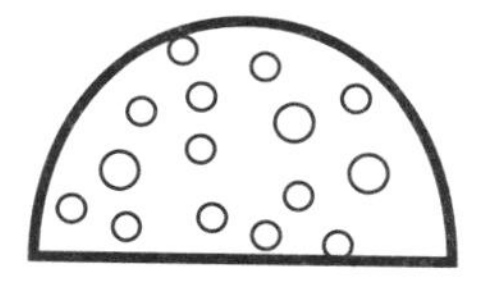

**반죽의 힘이 적당한 경우**
빵의 볼륨이 최대치이다.

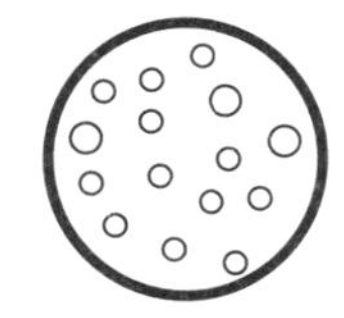

**반죽의 힘이 과한 경우**
빵의 볼륨이 작고 전체적으로 동글동글하다.

### 4. 분할, 가성형

1차 발효가 완료된 반죽은 품목에 맞는 크기와 모양으로 분할해야 한다. 분할은 덧가루가 묻어 있는 면을 잘 활용해야 한다. 반죽을 너무 조각조각 자르고 뭉치면 반죽에 상처도 많이 나지만 반죽 전체가 끈적해져 다음 과정이 힘들어지므로 주의한다. 잘린 단면은 안으로 들어가게 하고 덧가루 묻은 면은 가성형이 완성되었을 때 겉면이 되도록 하는 것이 좋다.
가성형을 어떻게 할지 결정했으면 그에 적합한 분할을 해야 한다. 둥글리기를 계획하면서 반죽을 길게 뚝뚝 잘라 버리면 둥글리기가 어려워진다. 가성형이 바타르인지 둥글리기인지 생각하고 분할하는 것이 좋다. 또 반죽의 상태에 따라 탄성을 조절해가며 가성형 하는 것도 필요하다.
작은 조각으로 나눈 반죽은 외부환경에 더 빠르게 반응한다. 환경에 맞추어 휴지 시간을 조절하거나 온습도를 조절할 필요가 있다.

### 5. 휴지

가성형한 반죽은 탄력이 높아져 바로 성형할 수 없다. 휴지는 가성형 하면서 긴장된 반죽이 이완되고 분할하며 가성형 하는 과정에서 반죽에 생긴 상처를 회복하는 시간이다. 반죽이 성형하기 쉽도록 안정하고 쉬는 시간을 주는 것이다.
휴지 시간은 주로 반죽의 크기에 따라 달라진다. 일반적으로 작은 반죽은 휴지 시간이 짧고 큰 반죽일 경우 휴지 시간도 길어진다. 또 품목의 성격에 따라 서로 달라질 수 있다. 푸가스처럼 반죽을 많이 늘려야 하는 품목은 반죽의 힘을 충분히 빼야 성형이 쉬우므로 휴지를 길게 한다. 반면에 반죽에 힘을 주는 성형이 없는 치아바타는 휴지가 없다.
매일 같은 빵을 만든다고 하더라도 반죽 상태가 매번 일정하기는 어렵다. 그래서 같은 빵을 만들어도 각각의 공정은 그날의 상황에 따라 달라질 수 있다. 휴지도 마찬가지다. 반죽 상태에 따라 휴지 시간과 가성형의 정도를 달리하여 반죽의 부족함을 보완할 수 있다. 만일 분할 후에 1차 발효가 부족하다고 판단되면 여러 번 접어 가성형을 탄탄히 하고 휴지 시간을 늘려 부족한 발효를 채워 줄 수 있다. 반대로 발효가 과했다면 느슨히 가성형하고 휴지 시간을 줄일 수도 있다.

### 6. 성형

휴지가 이루어진 반죽을 품목과 목적에 맞는 모양으로 만드는 것이 성형이다. 2차 발효가 진행되는 동안 적당한 탄력을 유지하고 구웠을 때 가볍게 오븐스프링이 일어나도록 성형의 강도를 조절하는 것이 좋다.

### 7. 2차 발효

2차 발효는 성형이 끝나면 시작하고 오븐에 넣으면서 끝난다. 보통 실온이나 저온에서 한다. 1차 발효가 빵의 맛을 내는 단계라고 한다면 2차 발효는 분할하고 성형하느라 꺼진 반죽을 다시 부풀리는 단계이다. 2차 발효가 부족하면 껍질이 두껍고 속이 무거워지고 어떤 경우는 반죽의 힘이 너무 세어 전체 모양이 뒤틀리거나 빵의 겉면이 찢어지기도 한다. 반대로 2차 발효가 과하면 오븐스프링이 일어나지 않고 풍미가 나쁘며 푸석푸석해지기도 한다. 이런 빵은 노화도 빠르다. 빵은 2차 발효가 끝이 아니다. 오븐 안에서도 폭발적으로 발효한다. 따라서 2차 발효는 오븐 안에서 부풀 힘을 남겨 두고 완료해야 한다.

### 8. 쿠프

굽기 직전 반죽에 내는 칼집은 오븐에 들어간 반죽이 부풀 때 제멋대로 터지지 않고 작업자가 의도한 방향대로 자연스럽게 부풀 수 있도록 미리 길을 내는 것이다. 칼집을 적절히 넣은 빵은 쉽게 부풀고 속까지 충분히 열이 전달되어 볼륨이 좋고 식감도 가볍다. 칼집을 내지 않으면 반죽은 가장 약한 부분부터 제멋대로 터지게 된다. 만일 반죽에 힘이 빠진 상태라면 얇고 가볍게 내는 것이 좋고, 반대로 힘이 남아 있는 반죽이라면 칼집을 과감히 하여 오븐스프링을 도와줄 수 있다.

### 9. 스팀

스팀은 굽는 초반에 오븐에 수분을 공급하는 것으로 하드 계열 빵에 필수인 공정이다. 하드 계열의 빵은 대체로 고온에서 굽는데 부드럽고 연한 반죽이 오븐에 들어가면 표면이 순식간에 익고 말라 굳어진다. 이렇게 단단해진 겉면은 원활한 오븐스프링을 방해한다. 스팀이 부족하면 오븐스프링이 부족해질 뿐만 아니라 껍질이 두껍고 윤기 없이 부스스해져 색도 잘 나지 않는다. 쿠프와 마찬가지로 스팀도 반죽 상태에 맞추어 조절하면 더 좋은 결과물을 얻을 수 있다. 발효가 많이 진행된 바게트에 스팀을 여느 때와 같이 넣어 주면 쿠프가 벌어지지 못하고 폭삭 주저앉기도 한다. 또 발효가 부족한 반죽에는 충분히 스팀을 넣어 줌으로써 천천히 오래도록 오븐스프링이 일어나도록 도울 수 있다.

•

오븐스프링이란 반죽이 오븐에 들어가고 구워지는 초반에 급격히 발효하여 팽창하는 것을 말한다.

스팀의 1차 목적은 반죽의 표면을 부드럽고 촉촉하게 유지하여 오븐스프링이 충분히 이루어지게 하는 데 있다. 또한 적절한 스팀은 윤기 있고 얇은 껍질을 만들어 가벼운 식감을 주며 마이야르 반응을 도와 맛있는 색을 낸다. 하지만 이렇게 유익한 스팀도 그의 역할은 오븐스프링이 일어나는 동안에만 국한된다. 바삭한 껍질을 원한다면 오븐스프링 이후 오븐 속에 습기가 남지 않도록 빼주어야 한다. 오븐 안의 습도가 너무 높거나 너무 낮아도 껍질에 색을 내기 어렵다. 바삭하고 색이 좋은 빵을 만들고 싶다면 오븐스프링 이후의 오븐 속 습도까지 생각해야 한다. 내 빵이 오븐에서 갓 나왔을 때는 바삭했는데 얼마 못 가 금세 눅눅하고 질겨진다면 스팀을 적절히 넣고 빼주었는지 체크해 봐야 한다.

마이야르 반응이란
단백질이 분해되며 생긴 아미노산과 당의 화학 반응으로 고온의 열에 의해 색이 갈색으로 변하면서 맛을 내는 반응을 말한다.

예전에는 컨벡션 오븐으로 빵을 구우면서 스팀을 주기 위해 자갈을 사용했다. 그런데 자갈이 열에 깨지고 부서져 지금은 자갈 대신 스테인리스로 만든 숟가락·젓가락을 넣어 스팀을 준다. 자갈보다 예열이 빠르고 표면적이 많아 효과가 확실하다.

## 10. 굽기

오븐에 들어간 반죽은 열을 받아 폭발적으로 발효하고 팽창한다. 반죽 내부의 온도가 60℃가 넘어가면 전분은 익고 글루텐이 굳어져 빵의 구조를 형성하게 된다. 이렇게 되면 오븐스프링이 완전히 끝나는데 이 단계가 파베이크 단계이다. 아직 겉면에 색은 나지 않았지만, 효소나 효모는 활동을 멈춘 상태로서 이후 과정은 전적으로 작업자의 판단에 달렸다.

껍질의 두께는 굽는 과정에 따라 많이 좌우된다. 작업자는 빵의 색과 껍질의 두께를 결정하여 그에 따라 굽는 시간, 온도 등을 조절해야 한다. 색이 비슷하게 보인다 해도 낮은 온도에 오래 구우면 껍질이 두꺼워지고 높은 온도에 짧게 구우면 껍질이 얇아진다.

파베이크(Partly Baked)란
굽기를 완전히 완료하지 않고 반죽을 85~90% 정도 상태까지만 구운 것을 말한다. 이렇게 구운 것을 냉동하였다가 에어프라이어나 간단한 오븐으로 구우면 갓 구운 빵처럼 먹을 수 있다.

굽기에 따른 껍질의 두께

낮은 온도에 오래 구운 것

높은 온도에 짧게 구운 것

CHAP
1

# 상업용 이스트와 다양한 사전 반죽으로 만든 빵

## 1. 탕종

고 배합은 단과자빵처럼 버터, 설탕 등의 부재료가 많이 들어간 것이고 저 배합은 반대로 부재료의 사용을 제한한 것이다.

탕종은 밀가루에 끓는 물을 부어 전분을 호화한 반죽을 말하며 밀가루보다 월등히 많은 수분을 보유한다. 이렇게 호화시킨 반죽을 일정 시간 저온 숙성하는 과정에서 생기는 당분과 감칠맛은 빵의 맛을 올려 주고 촉촉하고 쫀득한 식감을 만들어 준다. 또한 높은 수분 보유력으로 노화를 천천히 진행시켜 보관기간도 늘어나게 한다. 탕종은 이렇게 한국인이 좋아하는 쫄깃하고 촉촉하며 소화가 쉬운 빵을 만들어 주지만 장점만 있는 것은 아니다.

일반적인 빵 반죽은 밀가루에 물을 부어 글루텐을 발달시킨다. 반면에 탕종은 밀가루에 끓는 물을 붓는 방식으로 글루텐 결합 능력을 모두 상실하게 하므로 탕종을 넣은 반죽은 믹싱이 어렵고 제빵성이 떨어진다는 단점도 있다. 탕종을 제대로 사용하지 못하면 떡과 같은 무겁고 찐득한 식감의 빵이 만들어질 수 있다. 그래서 **저 배합**의 제품에 탕종을 사용할 때는 주의하여 쓰는 것이 좋다.

## 2. 풀리쉬

풀리쉬는 소량의 이스트를 첨가한 수분율 100%의 사전 발효 반죽이다. 미리 발효한 다량의 반죽을 본 반죽에 넣어 맛과 향을 올리는 방법이다. 믹싱부터 굽기까지 단숨에 만들어진 빵보다 오랜 시간을 들여 발효한 풀리쉬 반죽은 발효과정 중 유기산이 만들어지고 풀리쉬만의 고유한 풍미를 지니며 반죽에 부드러움과 탄력을 동시에 준다. 또한 빵의 볼륨이 높아지고 보존력도 좋아진다. 하지만 자칫 반죽의 탄력성이 과하게 커질 수 있고 사용 시점이 지난 것을 사용하게 되면 사용하지 않으니만 못한 결과가 나올 수도 있으므로 주의한다.

## 3. 묵은 반죽

하드 계열은 껍질이 단단한 저 배합 빵이고, 비에누아즈리는 버터나 우유, 달걀, 설탕 등이 들어간 고 배합 빵이다.

고생지라고도 하는 묵은 반죽은 수분율 60~70% 정도의 사전 발효 반죽이다. 주로 1차 발효가 완료된 반죽을 일부 남겨 두었다가 다음 날 본 반죽에 사용한다. 묵은 반죽은 **하드 계열**, 비에누아즈리 등 거의 대부분 품목에 사용해도 무방하다. 또 분할하고 남은 자투리 반죽을 버리지 않고 사용할 수 있어 경제적이다. 장점은 다른 사전 반죽과 마찬가지로 반죽의 힘이 좋아지고 풍미를 올려 주며 보존력이 높아진다는 것이다. 하지만 빵을 매일 만들지 않는 사람에게는 일부러 미리 만들어야 하는 번거로움이 있다. 나는 한 번에 여러 번 쓸 양을 만들어 소분해 냉동보관 했다가 쓰는 방법을 선택했다. 냉동된 묵은 반죽은 냉장고에서 해동하여 사용한다.

### 4. 르방

르방은 곡물이나 공기 중에 극소량 존재하는 자연의 이스트를 반죽 속에 집약하여 배양한 천연 발효종이다. 르방은 상업용 이스트로 만든 사전 반죽과는 다른 성질을 지닌다. 맛과 풍미를 올려 주고 보존성이 좋아진다는 점에서는 비슷하지만, 그 맛과 풍미가 상업용 이스트와는 확연히 다르고 성질도 다르다. 상업용 이스트를 사용한 사전 반죽은 단발성으로 사용하고 다음번 사용 시에는 다시 만들어 쓴다. 하지만 한 번 완성된 르방은 만들어 쓰고 또다시 만드는 것이 아니라 지속적인 먹이 주기를 통해 생명력을 이어갈 수 있다. 일단 건강하게 만들어진 르방은 적절한 산도를 유지하도록 관리만 잘해주면 영구적으로 사용할 수 있다.

상업용 이스트를 겸용하는 반죽이든 르방만을 사용하는 사워도우 반죽이든 르방의 상태는 신선하고 활성이 좋은 상태로 사용하는 것이 좋다. 이 책의 레시피에서 사용한 르방은 모두 최상의 상태이다. 디스카드(Discard)는 사용하지 않았다.

### 5. 중종

스폰지법이라고도 불리는 중종은 전체 사용 가루 중 일부(50~100%) 밀가루를 물, 이스트와 섞어 미리 발효하는 반죽이다. 물의 양은 풀리쉬나 르방보다 적은 60~80% 정도의 수분율로 맞춘다. 중종을 사용했을 때 장점은 본 반죽의 발효력이 좋아지고 보관성이 좋아진다는 것이며 충전물이나 들어간 부재료가 많아 무거운 반죽을 발효시키는데 유용한 사전 반죽이다.

intenso y cautivador
experiencia

# 탕종 베이글

요즘 들어 유행하고 있는 것처럼 보이는 베이글은 사실 오랜 시간 동안 사람들에게 꾸준히 사랑받아온 빵입니다. 본모습과는 많이 달라진 스타일이 새로워 보일 뿐이지요. 본래의 베이글은 단출한 재료에 짧은 발효법을 적용하여 묵직하게 먹었지만, 요즘 베이글은 다양한 재료를 사용하여 식감이 부드럽고 촉촉하며 모양도 맛도 화려해진 모습입니다.

전통적인 방식으로 만든 베이글은 노화가 빠르고 소화가 어렵다는 단점이 있습니다. 여기에 소개하는 탕종 베이글은 1차 발효를 충분히 하여 가볍고 껍질을 얇게 만들었습니다. 탕종을 사용하여 은은한 단맛과 감칠맛이 나며 다음 날 먹어도 매우 촉촉하고 부드럽습니다.

**전체 과정(스트레이트법)**

**탕종**
100℃ 물에 밀가루, 설탕, 소금을 잘 섞어 냉장 48시간 이상 숙성

↙

**믹싱**
1단 5분, 2단 5분
반죽 목표 온도 27℃

↙

**1차 발효**
27~28℃ 45분-펀칭-45분

↙

**분할**
120g

↙

**휴지**
24~25℃ 30분

↙

**성형**
베이글 성형

↙

**2차 발효**
24~25℃ 20분

↙

**데치기**
1분

↙

**굽기**
컨벡션 오븐 230℃ 예열
210℃ 15~16분

**재료(120g×16개 분량)**

**탕종(36쪽)**
밀가루(맥선 유기농 강력분) 100g(100%)
물 200g(200%)
소금 2g(2%)
설탕 4g(4%)

**본 반죽**
밀가루(맥선 유기농 강력분) 1,000g(100%)
물 590g(59%)
꿀 70g(7%)
오일 60g(6%)
소금 20g(2%)
이스트(사프 세미 드라이 이스트 레드) 12g(1.2%)
탕종 전량

**데침용**
물 1,000g
꿀 60g

**만드는 방법**

**1. 탕종 만들기**

① 볼에 분량의 설탕과 소금, 밀가루를 넣고 100℃로 끓인 물을 부어 주걱으로 잘 섞는다. 이때 반죽 온도는 65~68℃가 적당하다.

② 만들어진 탕종은 표면에 물기가 생기지 않도록 랩을 밀착하여 냉장고에서 적어도 48시간 이상 숙성한다.

탕종을 만든 직후 맛을 보고 다음 날 맛을 비교해 보면 단맛이 올라온 것을 알 수 있다. 또 그다음 날 맛보면 단맛에 감칠맛까지 더해진 것을 느낄 수 있다. 탕종은 만들고 적어도 48시간 이상 숙성하여 사용할 것을 권장한다. 테스트 결과는 72시간이 가장 맛이 좋았다. 72시간이 지나도 사용하는 데 문제는 없었지만, 만일 탕종의 색이 변했거나 냄새가 난다면 사용하지 않는다.

### 2. 믹싱

① 탕종을 제외한 모든 재료를 1단에서 5분 정도 믹싱하고 2단으로 올려 1에서 만든 탕종을 두 번에 나누어 넣고 5분 정도 더 믹싱한다. 탕종을 나누어 넣을 때는 2단으로 올려 바로 절반을 넣고 이것이 어느 정도 흡수되면 나머지를 넣는다.

⊕ 탕종을 넣은 반죽은 매끄럽게 믹싱하기 어렵다. 탕종이 완전히 흡수되면 마무리한다.

② 반죽 목표 온도는 27℃이다.

⊕ 베이글 처럼 반죽이 되거나 믹싱 시간이 길면 온도가 많이 올라갈 수 있으므로 물 온도를 낮게 잡아 온도를 맞춘다.

2-①

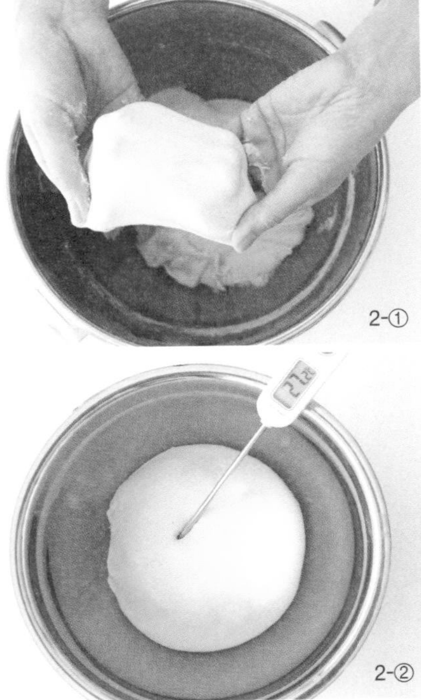

2-①

2-②

**3. 1차 발효, 접기**

① 27~28℃에 두고 45분간 발효한다.

② 작업대에 덧가루를 뿌리고 반죽을 꺼내 가볍게 누르면서 가스를 빼고 여분의 덧가루는 털어낸다.

③ 반죽을 접어 45분 더 발효한다. 반죽을 접으면 빵이 가벼워지고 볼륨이 좋아진다 (접기 : 30쪽).

**4. 분할, 휴지**

① 반죽을 120g으로 분할하고 눌러 가스를 뺀다.

② 잘린 단면이 반죽의 안쪽으로 들어가도록 접는다.

③ 반죽의 표면이 매끈하고 팽팽해지도록 굴려 **둥글리기**를 완료한다.

④ 30분간 휴지한다.

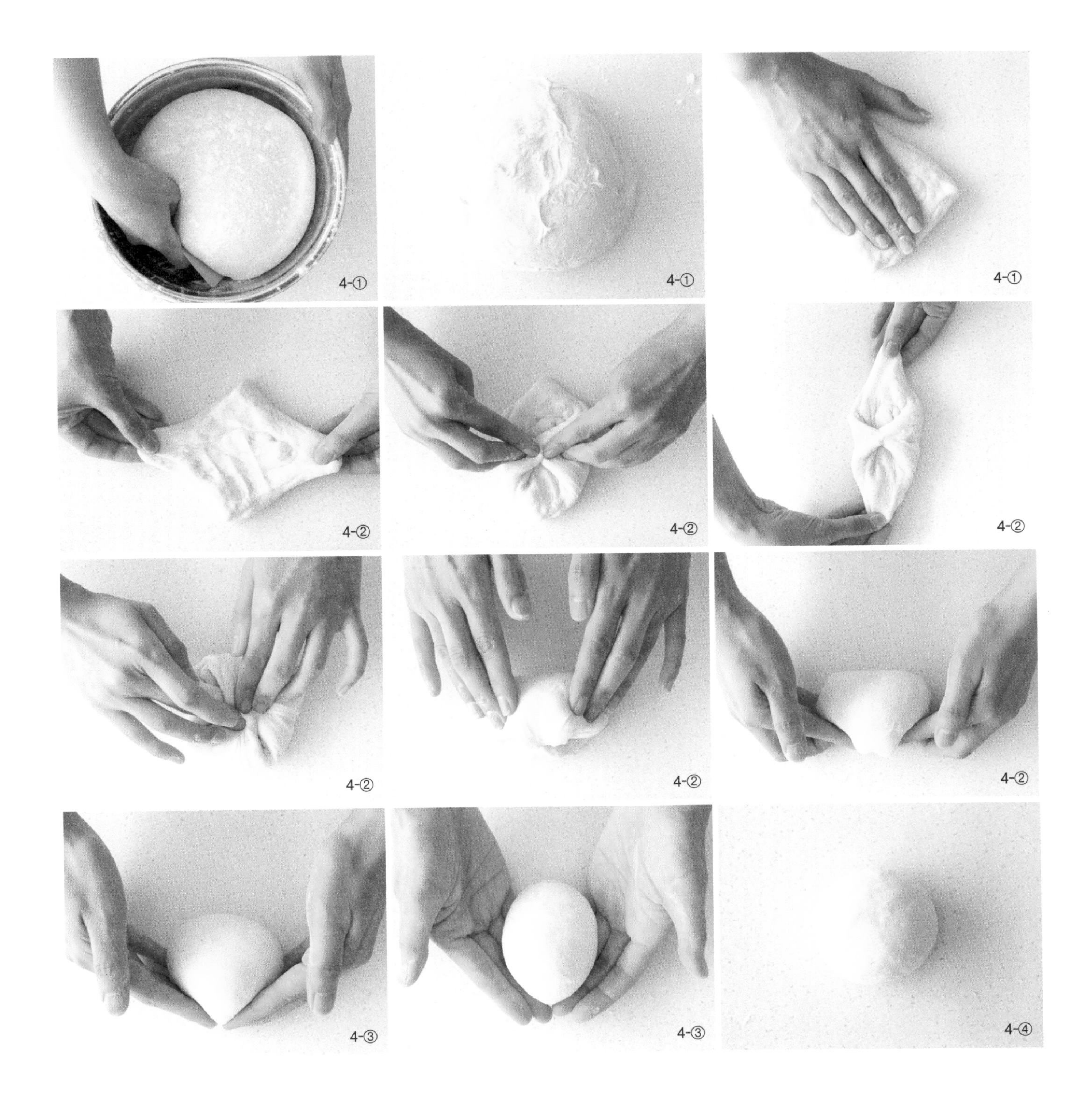

**5. 성형**

① 밀대를 사용하여 가스를 빼고 3번 접어 이음매를 단단히 붙인다.

② 양 끝을 살짝 가늘게 밀어 서로 꼬아 떨어지지 않도록 단단히 꼬집어준다.

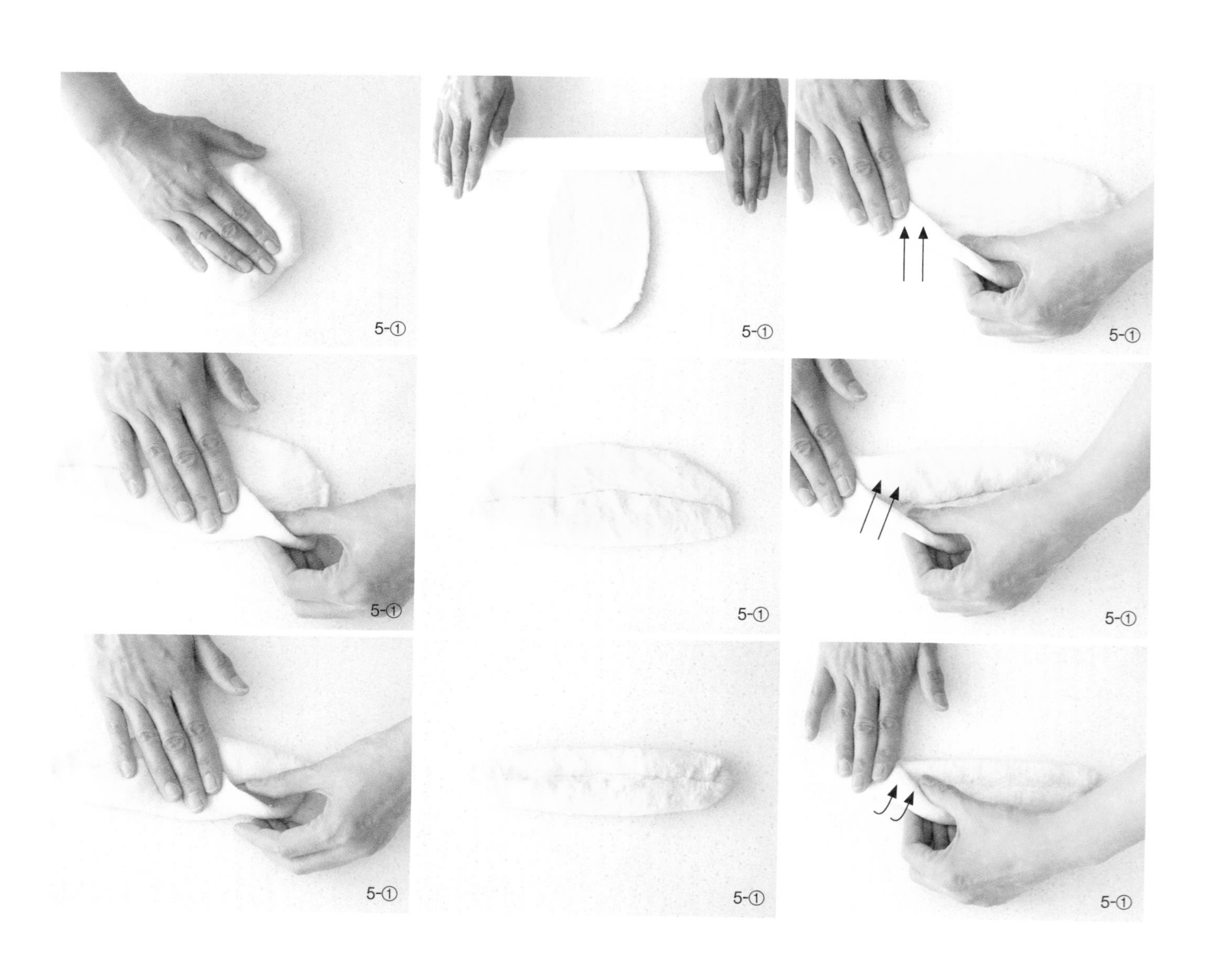

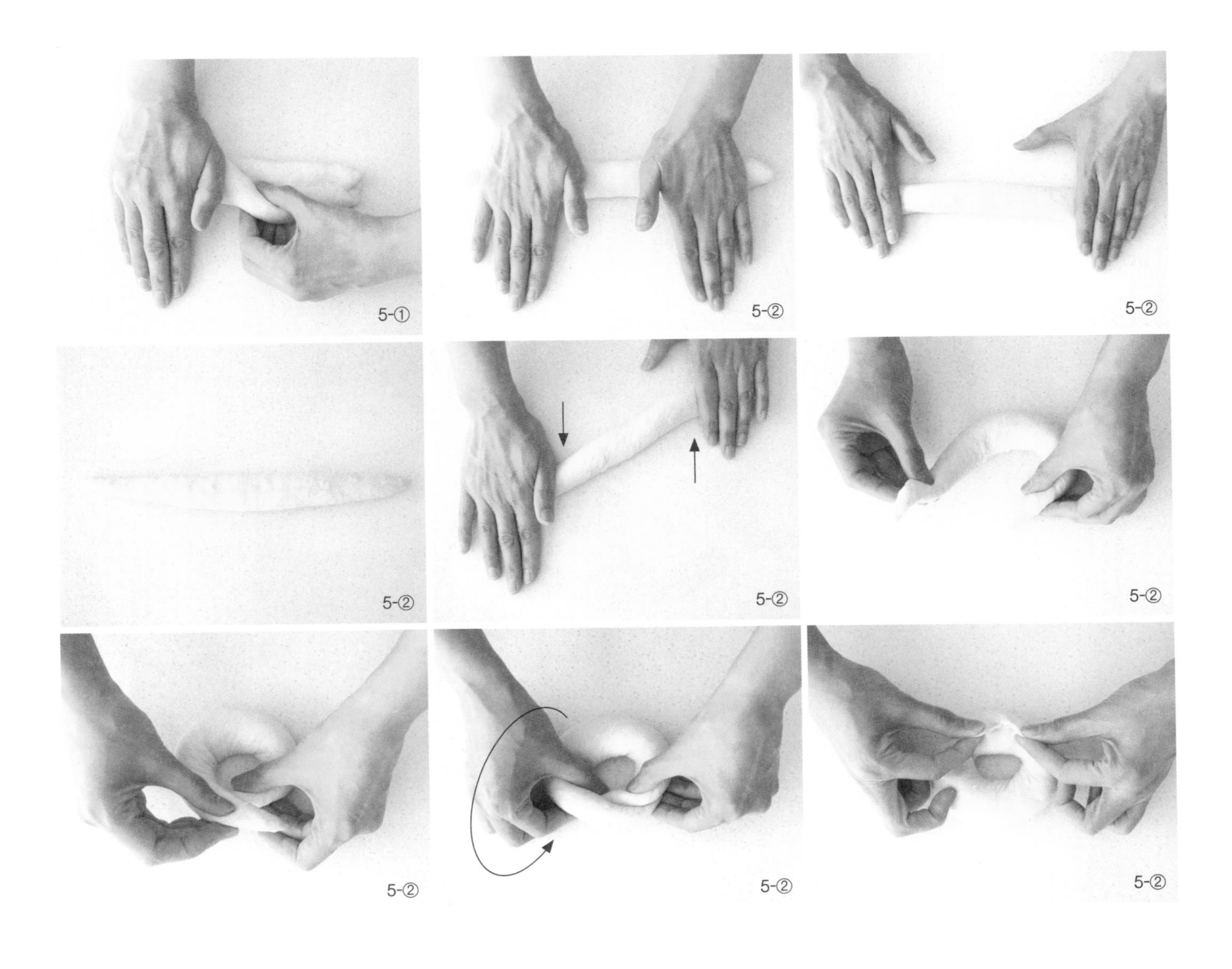
5-①
5-②
5-②
5-②
5-②
5-②
5-②
5-②
5-②

**6. 2차 발효**

24~25℃에서 20분간 발효하고, 이때 반죽을 데칠 물도 준비한다.

**7. 데치기**

발효가 완료된 반죽을 끓는 물에 앞뒤로 30초씩 데친다.

**8. 굽기**

컨벡션 오븐

230℃로 예열하고 스팀을 넣은 다음(32쪽) 210℃에서 15~16분간 굽는다.

데크 오븐

아랫불 190℃, 윗불 235℃에서 18~20분간 굽는다.

⊕ 굽는 온도는 오븐 사양에 따라 달라질 수 있다.

# 허브 갈릭 베이글

허브 갈릭 베이글은 허브 마늘 오일을 사용하여 풍미가 좋을뿐더러 마늘 속의 전분으로 인해 빵이 촉촉하고 부드럽습니다. 벌써 반죽 때부터 맛있는 냄새로 기대를 하게 되지요. 매콤함을 추가하고 싶다면 오일에 페페론치노를 잘게 잘라 넣어도 좋아요.

**전체 과정(스트레이트법)**

**믹싱**
1단 5분, 2단 6분
반죽 목표 온도 27℃
↙
**1차 발효**
27~28℃ 45분-펀칭-45분
↙
**분할**
120g
↙
**휴지**
24~25℃ 30분
↙
**성형**
베이글 성형
↙
**2차 발효**
24~25℃ 20분
↙
**데치기**
1분
↙
**굽기**
컨벡션 오븐 220℃ 예열
200℃ 15~16분

**재료(120g×15개 분량)**

**본 반죽**
밀가루(맥선 유기농 강력분) 1,000g(100%)
물 610g(61%)
마늘(취향에 따라 허브나 다진 페페론치노 추가 가능) 60g(6%)
설탕 60g(6%)
마늘 오일 60g(6%)
소금 20g(2%)
이스트(사프 세미 드라이 이스트 레드) 14g(1.4%)

**허브 마늘 오일**
향이 없는 오일(포도씨유, 카놀라유, 해바라기유) 500g
통마늘 200g
4색 통후추 20g
로즈마리 8줄기
타임 8줄기
페페론치노 8개

**그 외**
데침용 물 1,000g
꿀 60g

**만드는 방법**

**1. 허브 마늘 오일 만들기**

① 마늘 오일 재료를 준비하고 냄비에 오일, 마늘, 통후추를 넣고 가장 약불에 끓인다.

② 가끔 저어가며 마늘이 골고루 색이 나도록 끓인다.

③ 마늘이 전부 떠오르고 전체적으로 황금색이 나면 허브와 페페론치노를 넣고 3분간 더 두었다가 불을 끈다.

**2. 믹싱**

① 모든 재료를 넣고 반죽이 매끄러워지도록 믹싱한다. 여기서는 1단에서 5분, 2단에서 6분 정도 믹싱했다.

② 반죽 목표 온도는 27℃이다.

**3. 1차 발효, 접기**

① 27~28℃에서 45분간 발효한다.

② 덧가루를 뿌린 작업대에 반죽을 꺼내 가볍게 눌러 가스를 뺀다.

③ 여분의 덧가루는 털어내고 반죽을 접어 45분간 더 발효한다.

**4. 분할, 휴지**

① 반죽을 120g으로 분할하고 눌러 가스를 뺀다.

② 둥글리기(43쪽)하고 30분간 휴지한다.

**5. 성형**

① 밀대를 사용하여 가스를 빼고 3겹으로 접어 이음매를 단단히 붙인다.

② 양 끝을 가늘게 밀어 서로 꼬아준다.

③ 양 끝을 서로 붙이고 떨어지지 않도록 단단히 꼬집어준다.

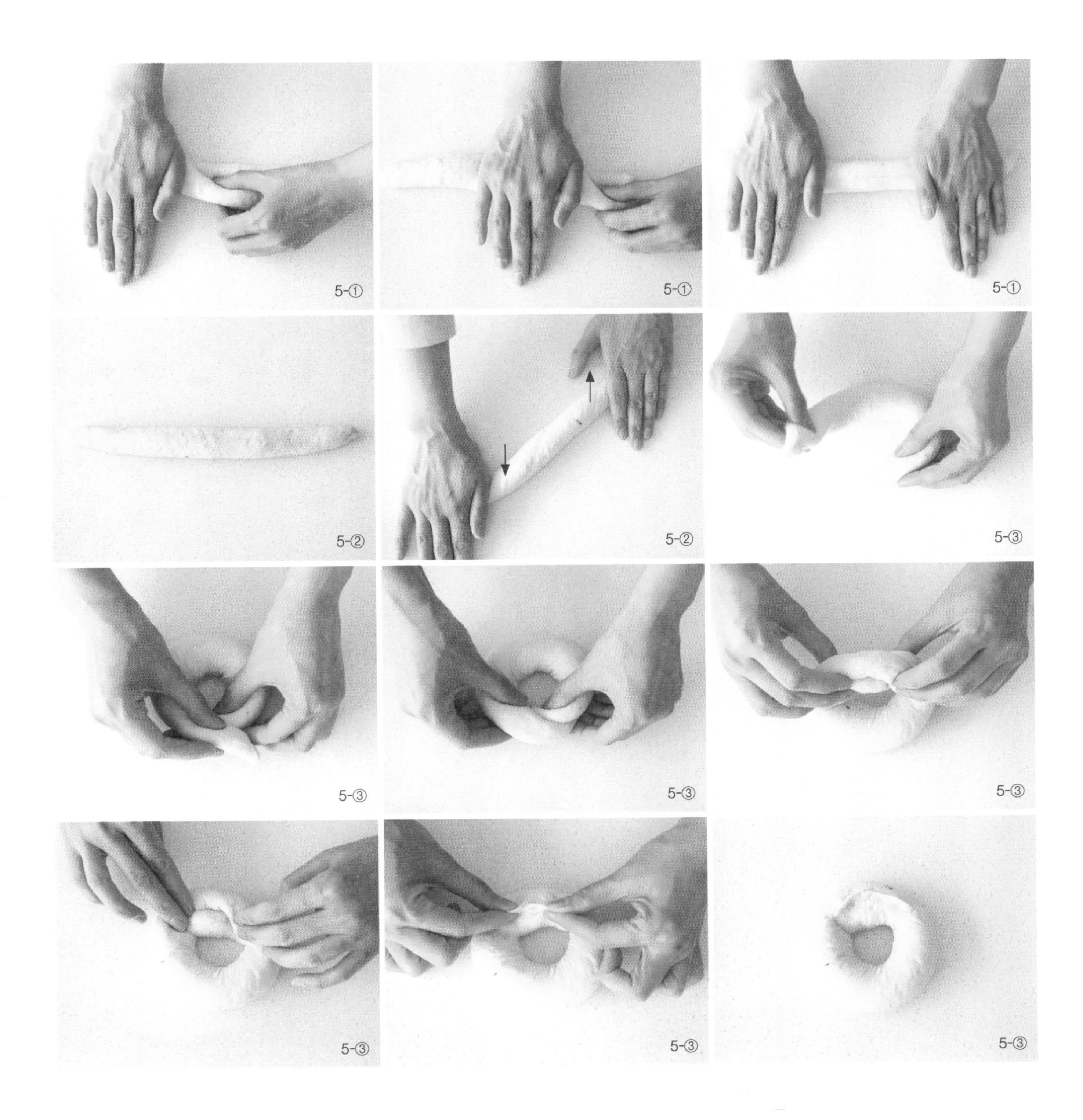

### 6. 2차 발효

24~25℃에서 20분간 발효하고, 이때 반죽을 데칠 물도 준비한다.

### 7. 데치기

발효가 완료된 반죽을 끓는 물에 앞뒤로 30초씩 데친다.

### 8. 굽기

**컨벡션 오븐**

220℃로 예열하고 스팀을 넣은 다음 200℃에서 15~16분간 굽는다.

**데크 오븐**

아랫불 190℃, 윗불 235℃에서 18~20분간 굽는다.

⊕ 굽는 온도는 오븐 사양에 따라 달라질 수 있다.

# 탕종 식빵

빵 중에서 이렇게 스테디셀러인 품목이 또 있을까 싶을 정도로 식빵은 우리나라 사람들에게 가장 사랑받는 빵입니다. 예전에는 우유식빵, 밤식빵, 옥수수식빵 정도가 대부분이었는데 요즘은 식빵만 판매하는 전문점이 있을 정도로 다양하고 참신한 빵이 많아졌어요. 다양한 식빵 중에서 우리나라 사람이 가장 선호하는 것은 속살이 촉촉하며 찢어지는 결이 살아 있는 식빵입니다.
여기서 사용한 밀가루는 이런 선호도에 부합하는 밀가루입니다. 탕종 식빵은 촉촉하고 가벼우며 입안에서 녹는 맛도 있습니다. 맨 빵을 손으로 뜯어 먹어도 좋고 토스트나 샌드위치 등으로 다양하게 활용해도 좋아요!

**전체 과정(스트레이트법)**

**탕종**
100℃ 물에 밀가루, 설탕, 소금을 잘 섞어
냉장 48시간 이상 숙성

↓

**믹싱**
1단 5분, 2단 5분
반죽 목표 온도 27℃

↓

**1차 발효**
27~28℃ 100~110분

↓

**분할**
230g

↓

**휴지**
24~25℃ 30분

↓

**성형**
식빵 성형

↓

**2차 발효**
27~28℃, 습도 80% 90~100분

↓

**굽기**
컨벡션 오븐 250℃ 예열
스팀 넣은 다음 8분간 끈 후
185℃ 14~15분

**재료(230g×10개 분량)**

**탕종**

밀가루(마루비시 강력분 K-블레소레이유) 100g(100%)
물 200g(200%)
소금 2g(2%)
설탕 4g(4%)

**본 반죽**

밀가루(마루비시 강력분 K-블레소레이유) 1,000g(100%)
물 600g(60%)
르방 200g(20%)
달걀 60g(6%)
분유 40g(4%)
설탕 144g(14.4%)
소금 20g(2%)
이스트(사프 세미 드라이 이스트 골드) 14g(1.4%)
탕종 전량
버터 120g(12%)

**도구**

10.5㎝×10.5㎝×9.5㎝의 큐브 틀

**만드는 방법**

### 1. 탕종 만들기

① 볼에 분량의 설탕과 소금, 밀가루를 넣고 100℃로 끓인 물을 부어 주걱으로 잘 섞는다. 이때 반죽 온도는 65~68℃ 정도이다.

② 탕종은 표면에 물기가 생기지 않도록 랩을 밀착하여 냉장에서 적어도 48시간 이상 숙성하여 사용한다.

◎ 탕종을 만든 직후 맛을 보고 다음 날 맛을 비교해 보면 단맛이 올라온 것을 알 수 있다. 또 그다음 날 맛보면 단맛에 감칠맛까지 더해지는 것을 느낄 수 있다. 탕종은 만들고 적어도 48시간 이상 숙성하여 사용할 것을 권장한다. 테스트 결과는 72시간이 가장 맛이 좋았다. 만일 탕종의 색이 변했거나 냄새가 난다면 사용하지 않는다(탕종 베이글 40쪽 참조).

1-① 1-① 1-①

1-② 1-② 1-②

### 2. 믹싱

① 탕종과 버터를 제외한 모든 재료를 반죽기에 넣고 1단으로 5분간 믹싱한 후 2단으로 올리고 탕종을 두 번에 나누어 넣는다. 탕종이 반죽에 어느 정도 흡수되면 버터를 넣고 완전히 흡수되면 믹싱을 멈춘다.

⊕ 10ℓ 버티컬 반죽기 기준으로 총 1단 5분, 2단 5분 정도 소요된다. 탕종에 르방까지 더했으므로 믹싱을 과하게 하지 않는다.

② 반죽 목표 온도는 27℃이다.

### 3. 1차 발효

27~28℃에서 100~110분간 발효한다. 이것은 발효 테스트로 판단하는데, 밀가루를 뿌리고 손가락으로 찔렀을 때 반죽이 천천히 오그라들거나 더는 오그라들지 않으면 발효가 완료된 것이다.

**4. 분할, 휴지**

① 230g으로 분할하여 느슨하게 둥글리기(43쪽) 한다.

② 30분간 휴지한다.

**5. 성형**

① 밀대를 사용하여 가스를 빼고 양 날개를 가운데로 모아 접어둔다.

② 밀대로 밀어 모양 잡아 힘 빼고 느슨히 말아 준다.

탕종이 들어간 반죽은 힘이 있는 것 같지만 찢어지기 쉬운 반죽이므로 타이트하게 성형하지 않는다.

③ 틀 한쪽으로 반죽을 밀어 넣고 손등으로 살짝 눌러준다.

**6. 2차 발효**

27~28℃, 습도 80%에서 90~100분 발효한다.

⊕ 틀 위로 1~1.5㎝가량 올라오면 발효 완료이다.

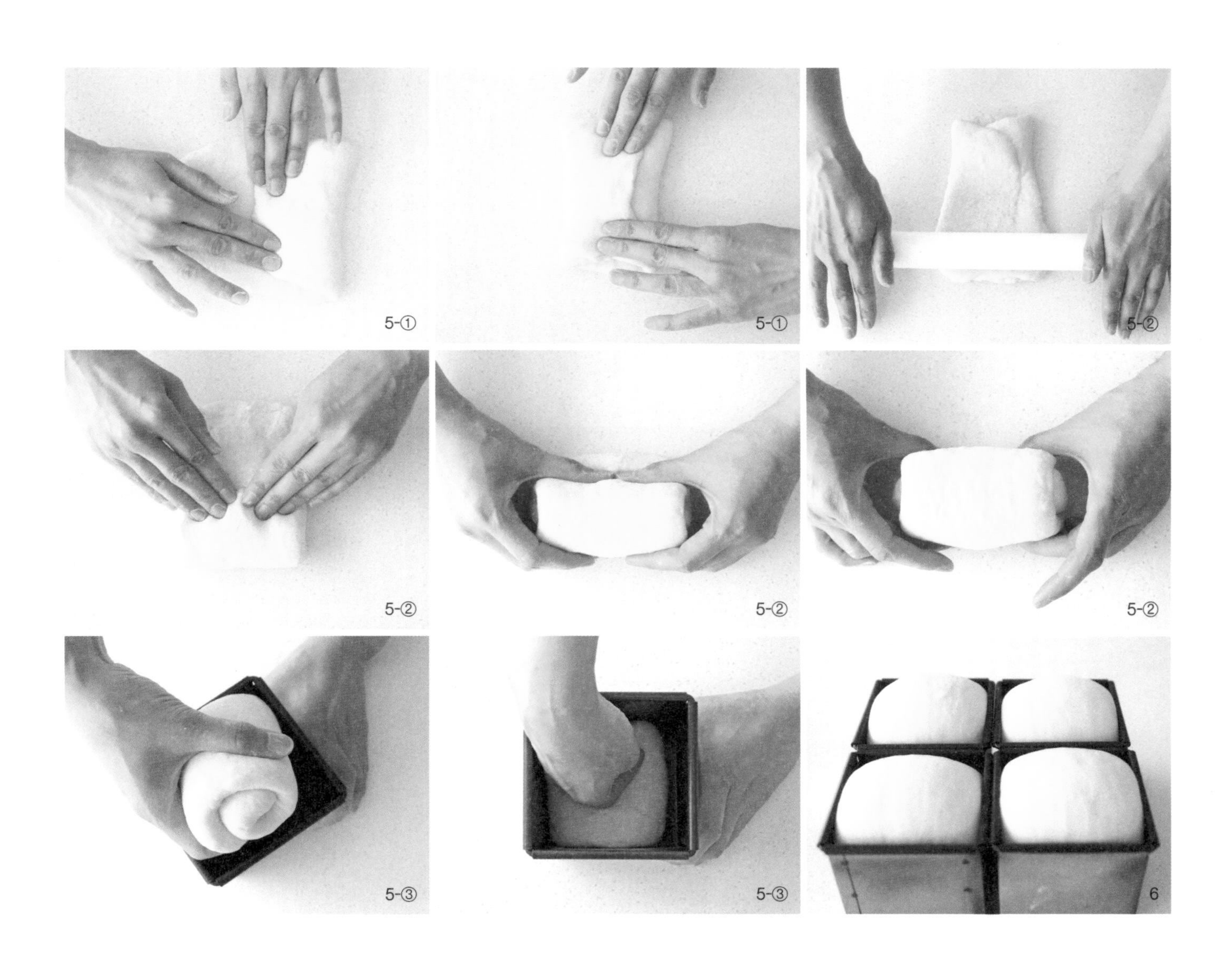

### 7. 굽기

**컨벡션 오븐**

250℃로 예열하고 반죽을 넣고 스팀을 넣은 다음 8분간 오븐을 끈다. 다시 오븐을 켜고 185℃에서 14~15분간 굽는다.

⊕ 이렇게 구우면 오븐스프링이 좋을 뿐만 아니라 식빵의 뚜껑이 질기지 않아 먹기 좋다. 만일 번거롭다면 170~175℃에서 22~23분간 구울 수도 있다.

**데크 오븐**

아랫불 200℃, 윗불 210℃에서 23~24분간 굽는다.

⊕ 굽는 온도는 각각의 오븐 사양에 따라 달라질 수 있다.

### 8. 식히기

오븐에서 꺼내면 틀에서 빵을 꺼내기 전에 작업대 바닥에 떨어뜨려 충격을 주어 빼낸다.

⊕ 식으며 빵이 찌그러지는 것을 방지한다.

테스트 초반에는 사전 반죽으로 탕종만 사용하는 레시피였습니다. 탕종만으로도 충분히 촉촉한 빵이지만 르방이 주는 촉촉함과는 또 다른 느낌이라 욕심을 내어 두 가지 사전 반죽을 동시에 사용하는 방법을 실었습니다만, 르방이 없는 레시피도 가능하고 르방만 사용하고 탕종을 빼는 것도 괜찮습니다. 르방 혹은 탕종을 뺀다고 해도 다른 재료의 변동은 없습니다. 같은 과정으로 만들면, 됩니다. 탕종과 르방을 함께 사용하는 버전, 탕종만 사용하는 버전, 르방만 사용하는 버전을 모두 만들어 먹어 보면 각각의 사전 반죽이 가진 특징을 쉽게 파악할 수 있습니다.

# 크랙 시오빵

예전에 빵집에 가면 빼먹지 않고 사 먹었던 빵이 바게트입니다. 지금도 그렇지만 그 당시에도 바게트는 일부 빵집에서만 찾아볼 수 있었습니다. 통통하고 가볍고 껍질이 매끈하며 속살이 포근한 한국식 바게트는 버터와 딸기잼만 올려도 충분히 맛있는 빵이었습니다. 하지만 이제 그 빵은 찾아보기 힘든 빵이 되었어요. 요즘 인기 있는 프랑스식 전통 바게트도 맛있지만, 저의 추억 속에 있는 바게트는 그 옛날의 한국식 바게트입니다. 그때의 맛을 떠올리며 옛날식 바게트와 시오빵(소금빵)을 접목했습니다. 크랙 시오빵은 담백한 맛에 소금의 짠맛과 버터의 풍미가 잘 어우러지고 은은한 곡물의 향과 부드러운 듯 바삭한 식감을 느낄 수 있는 빵입니다.

**전체 과정(스트레이트법)**

**풀리쉬**
27~28℃ 물에 이스트, 밀가루 섞어
24~26℃에서 40분, 냉장 12~20시간 숙성
↙
**믹싱**
1단 5분, 2단 4분
반죽 목표 온도 24℃
↙
**1차 발효**
24~26℃ 80~90분
↙
**분할**
76g
↙
**휴지**
15분
↙
**성형**
시오빵 성형
↙
**2차 발효**
24~26℃, 습도 60~70% 80~90분
↙
**굽기**
컨벡션 오븐 260℃ 예열
스팀 넣고 3~4분간 끈 후
다시 235℃ 12~13분

**재료(76g×23개 분량)**

**풀리쉬**
밀가루(맥선 유기농 강력분) 300g(30%)
물 300g(30%)
이스트(사프 세미 드라이 이스트 레드) 8g(0.8%)

**본 반죽**
밀가루(물비(Moul-Bie) 트레디션 T65) 600g(60%)
밀가루(맥선 유기농 강력분) 100g(10%)
물 380g(38%)
설탕 30g(3%)
버터 30g(3%)
소금 20g(2%)
이스트(사프 세미 드라이 이스트 레드) 2g(0.2%)
풀리쉬 전량

**충전용**
버터(이즈니 무염) 9g×23개
토핑용 소금 약간

만드는 방법

### 1. 풀리쉬 만들기

① 27~28℃의 물에 이스트를 잘 푼다.

② 밀가루를 넣어 날가루가 보이지 않도록 섞는다.

③ 24~26도에서 40분간 발효하고 냉장고(1~3℃)에서 12~20시간 저온 숙성한다. 풀리쉬가 완료된 상태는 부풀었다 가장자리가 1~2㎝가량 다시 꺼져 내려갔을 때이다.

○ 겨울에는 30~35℃ 정도의 따뜻한 물을 사용한다.

### 2. 믹싱

① 전 재료를 넣고 1단으로 5분, 2단으로 4분 정도 탄력이 최고치가 될 때까지 믹싱한다.

○ 100% 믹싱하면 볼륨은 좋아지지만, 껍질이 얇아져 씹는 식감이 사라진다. 도톰한 껍질로 식감이 살아나도록 탄력이 최고치가 되었을 때 믹싱을 멈춘다. 믹싱할 때 풀리쉬가 차가운 상태이므로 실내온도가 낮을 때는 따뜻한 물을 사용하고 여름철에는 차가운 물을 사용한다. 반죽기의 사양이나 반죽량에 따라 물 온도를 조절해야 한다.

② 반죽 목표 온도는 24℃이다.

1-① 1-② 1-② 1-③ 풀리쉬가 완료된 상태 1-③ 2-①

**3. 1차 발효**

① 24~26℃에서 80~90분간 발효한다.

② 손가락으로 찔러 보아 반죽이 천천히 오그라들거나 더는 오그라들지 않고 손자국이 그대로 남아 있으면 발효 완료이다.

◎ 1차 발효가 충분하지 않으면 빵의 볼륨이 작아져 껍질이 두꺼워지고 맛을 충분히 만들어내지 못한다. 발효 테스트로 정확한 발효 시점을 찾아야 한다.

**4. 분할, 휴지**

① 76g씩 23개로 분할한다.

② 타이트하게 둥글리면 최종 가성형이 어려우니 가볍게 둥글리기 한다.

③ 둥글리기가 끝나면 바로 처음 둥글리기를 한 반죽부터 두 손으로 누르며 굴려 물방울 모양으로 가성형 한다. 이때 반죽 양쪽을 다 누르면 두께가 똑같이 얇아지니 한쪽 끝에는 손을 올려 반죽이 보이지 않도록 하고 다른 쪽 위에 손을 올리지 않는다. 반죽을 억지로 늘려 찢어지지 않도록 조심한다.

④ 15분간 휴지한다.

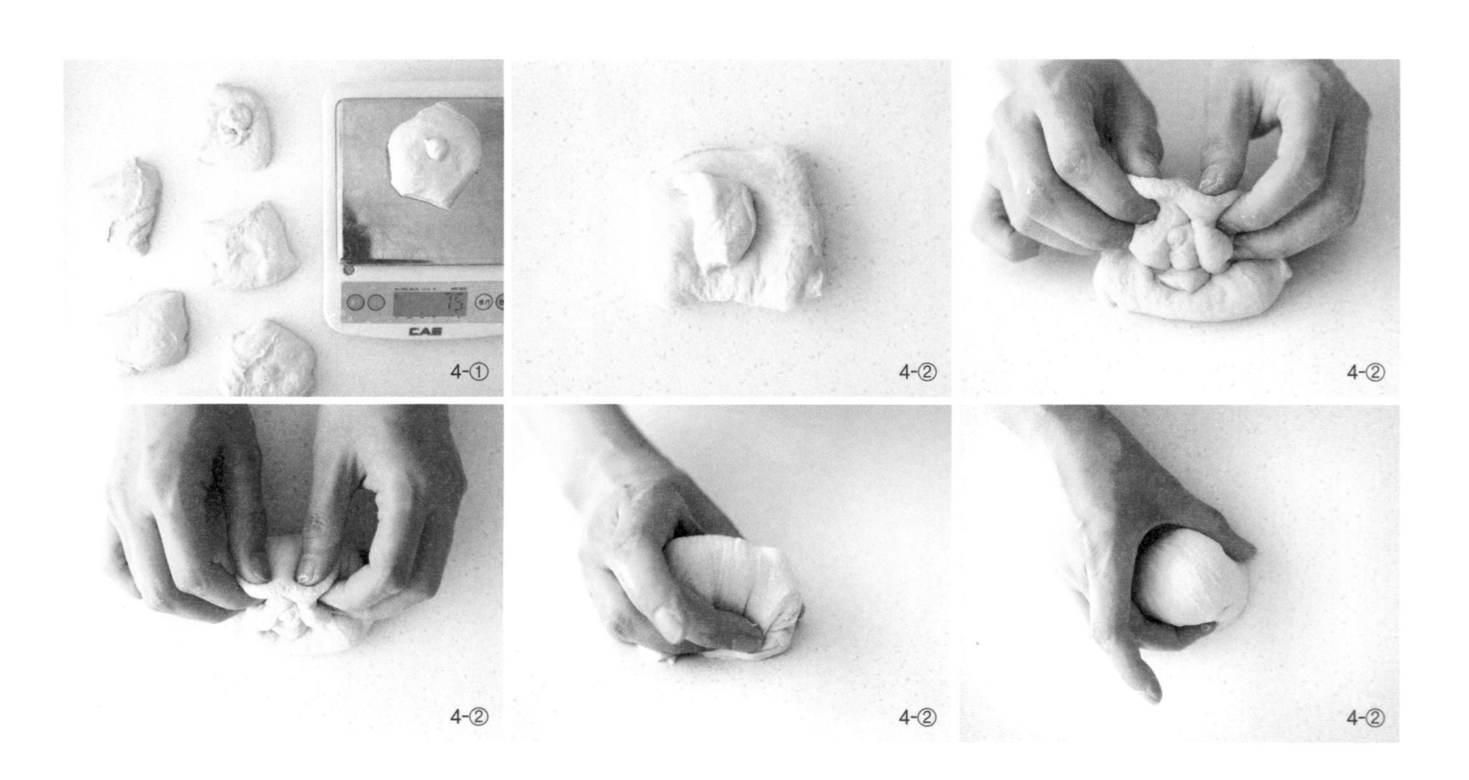


4-① 4-② 4-② 4-② 4-② 4-②

**5. 버터 자르기**

반죽이 휴지되는 동안 버터를 9g씩 폭 4~5㎝로 잘라 둔다.

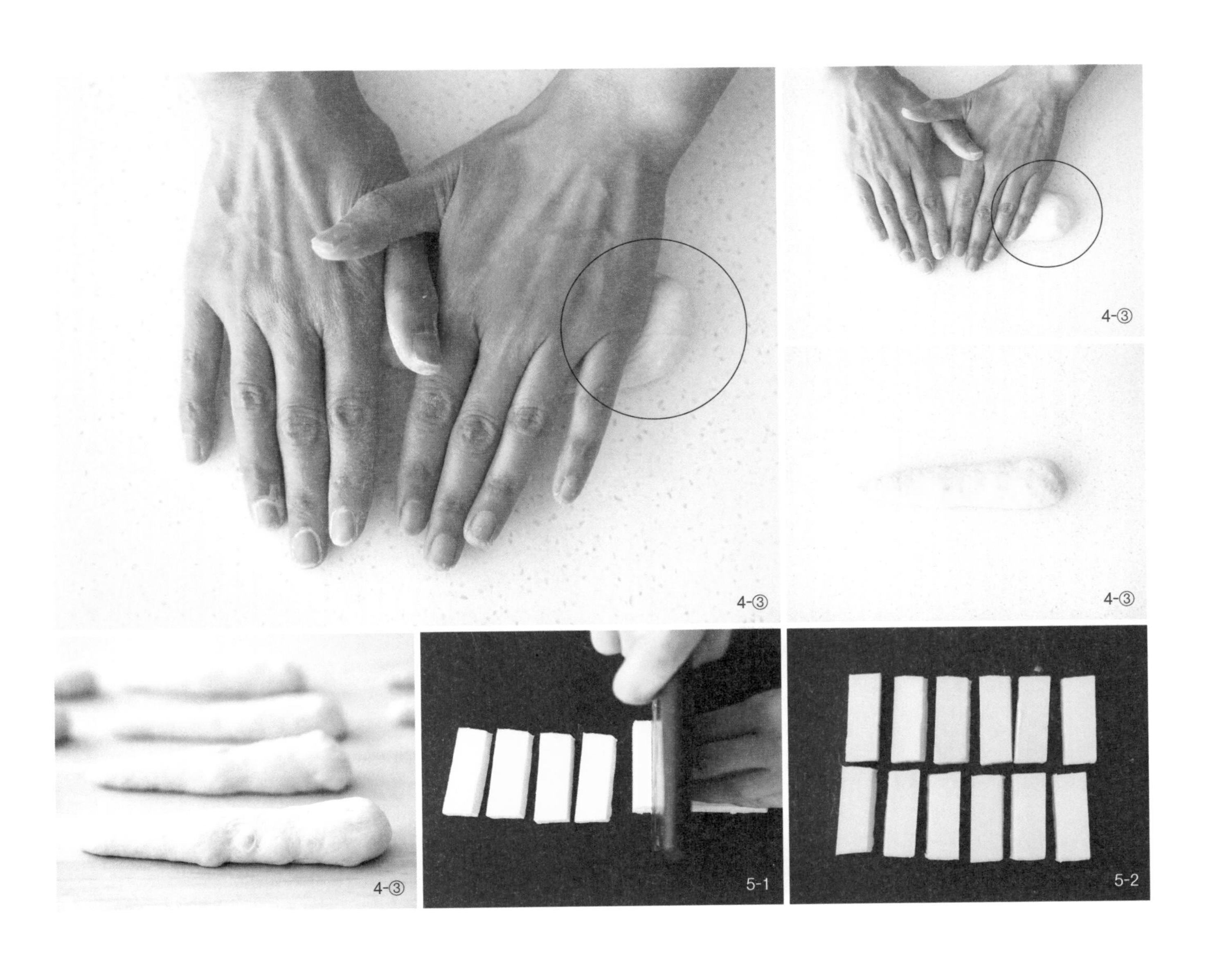

**6. 성형**

① 한 손은 반죽의 윗부분을 잡아당기고 다른 한 손은 밀대를 가볍게 밀어 올린다. 이때, 밀대로 반죽을 힘주어 누르지 않는다. 반죽의 아랫부분도 같은 방법으로 반죽을 잡아당기며 밀대로 밀어 반죽의 총 길이가 50㎝ 정도 되도록 한다. 반죽 아래쪽 폭은 버터 길이와 비슷하게 한다.

② 반죽 끝에 버터를 올려 감싸고 반죽을 살짝 들어 올려 몸쪽으로 3㎝ 정도 당겨 놓고 가볍게 말아 준다.

이렇게 당겨 놓은 상태로 말아 올려 주면 자연스레 타이트하게 성형할 수 있다. 성형에 힘이 있어야 모양이 예쁘게 나온다. 최종 성형의 가로 폭이 너무 길어지지 않도록 조심한다.

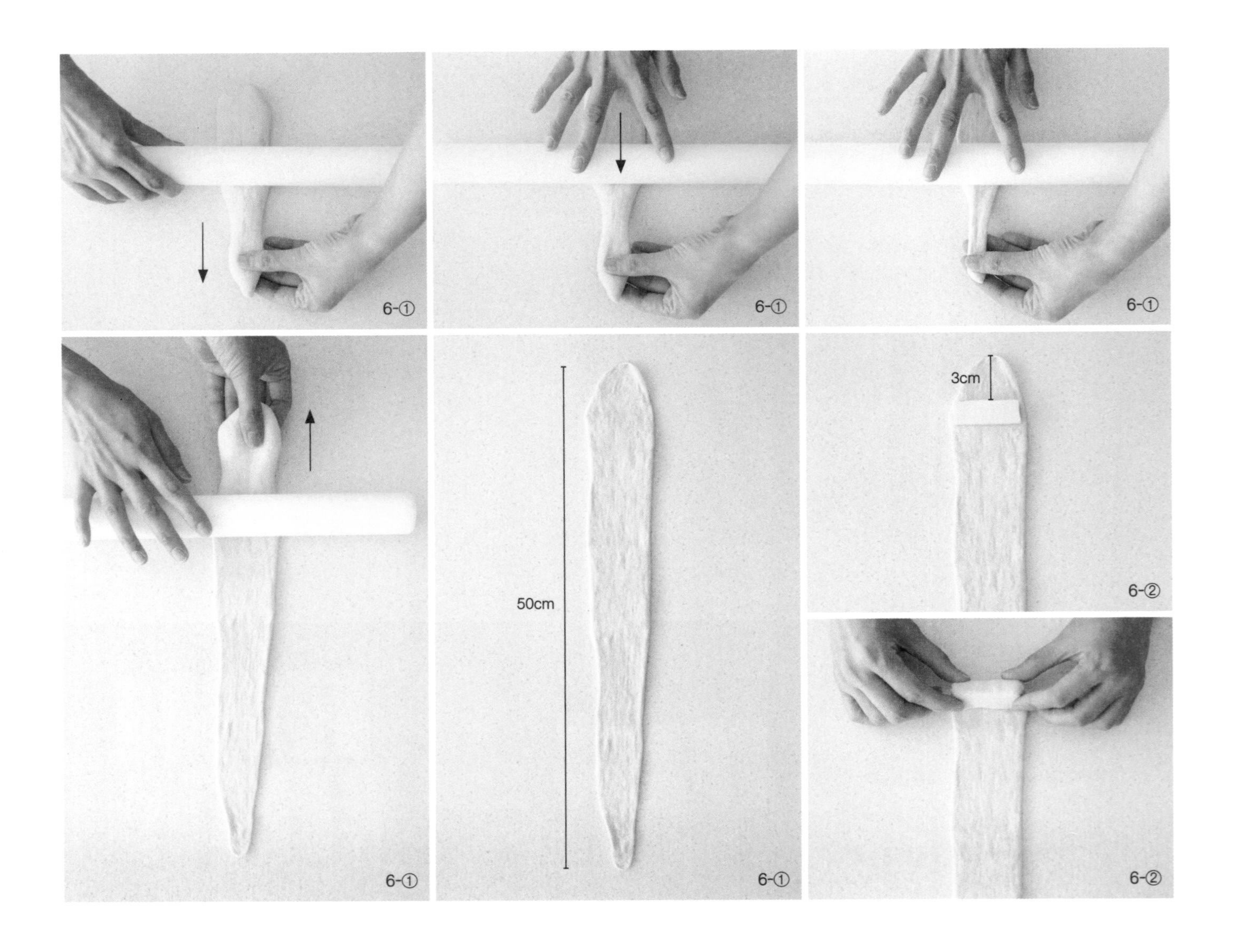

6-②
6-②
6-②
6-②
6-②

### 7. 2차 발효

24~26℃, 습도 60~70%에서 80~90분간 발효한다. 반죽의 맨 끝을 손가락으로 눌러 보았을 때 손자국이 남을 때까지 발효한다.

⊕ 저 배합 반죽이므로 너무 높은 온도나 습도에서 발효하지 않는 것이 좋다.

## 8. 굽기

### 컨벡션 오븐

① 반죽과 팬의 바닥에 물 스프레이를 충분히 하고 소금을 뿌린다.

⊕ 물 스프레이를 충분히 해주고도 부족하다면 스팀을 따로 넣어 준다.

② 오븐을 최고 온도로 예열하고 반죽을 넣고 3분간 오븐을 끈다.

⊕ 오븐을 끄면 오븐 바람에 표면이 마르는 것을 방지해 오븐스프링이 잘 일어날 수 있도록 도와준다. 온도가 너무 낮아지지 않는지 오븐 속에 온도계를 넣어 두고 체크한다. 굽는 초반 온도가 너무 낮으면 빵도 무거워지고 버터가 빠지지 않을 수 있다.

③ 다시 오븐을 230~240℃로 켜고 13~14분간 더 굽는다.

⊕ 굽는 온도는 각각의 오븐의 사양에 따라 달라질 수 있지만 컨벡션 오븐에 구울 때는 굽는 시간이 총 18분이 넘어가지 않도록 한다. 더 구우면 마르는 경향이 있다.

④ 오븐스프링이 끝난 후에는 굽는 중간중간 두세 번 오븐의 문을 열어 스팀을 빼준다.

⊕ 오븐 속의 스팀을 모두 빼야 껍질이 바삭해진다.

### 데크 오븐

① 소금이 붙을 정도로 가볍게 물 스프레이하고 소금을 뿌려 아랫불 190℃, 윗불 250℃에서 18~20분간 굽는다.

⊕ 오븐 온도는 각각의 오븐의 사양에 따라 달라질 수 있지만 데크 오븐에서는 굽는 시간이 18분 이상 되어야 바삭함을 살릴 수 있다.

② 오븐스프링이 끝난 후에는 댐퍼(환기구)를 열어 주고 굽는 중간중간 두세 번 오븐 문을 열어 스팀을 빼준다. 오븐 속의 스팀을 모두 빼야 껍질이 바삭해진다.

8-①

8-①

8-③

# 전통 바게트

바게트는 빵을 만드는 데 있어서 가장 기본적인 재료인 밀가루, 물, 소금, 효모만으로 만든 빵입니다. 그래서 얼핏 보기에는 쉽고 간단한 것처럼 보이기도 하지요. 하지만 이렇게 심플한 재료와 달리 맛과 공정은 그리 심플하지 않습니다. 전에 수업에 오셨던 분 중에 살면서 단 한 번도 바게트를 맛있게 먹어 본 적이 없다는 분이 있었습니다. 수업이 끝나고는 "아무것도 든 것 없는 바게트가 어떻게 이렇게 달고 맛있을 수 있느냐"고 하더군요. 단순한 재료만으로 단순하지 않은 맛을 만들어야 하는 바게트는 모든 베이커들의 어려운 과제라고 생각합니다.

**전체 과정(1차 저온법)**

**오토리즈**
1단 2~3분, 30분
↓
**믹싱**
1단 6분, 2단 4~5분
반죽 목표 온도 24℃
↓
**1차 발효**
23~24℃ 30~40분
냉장 12~18시간
↓
**분할**
310g
↓
**휴지**
30분
↓
**성형**
바게트 성형
↓
**2차 발효**
23~24℃, 습도 60~70% 50~60분
↓
**굽기**
컨벡션 오븐 260℃ 예열
스팀 넣고 6분간 끄고 220~230℃
12~14분

**재료(310g×6개 분량)**

본 반죽
밀가루(물비(Moul-Bie) 트레디션 t65) 1,000g(100%)
물 650g(65%)
묵은 반죽 120g(12%)
소금 20g(2%)
이스트(사프 세미 드라이 이스트 레드) 3g(0.3%)
보충수 40g(4%)

**만드는 방법**

**1. 오토리즈**

물과 밀가루를 반죽기에 넣고 1단에서 2~3분간 날가루가 없게 섞는다. 30분간 오토리즈 한다.

⊕ 여름에는 냉장고에서 오토리즈 해도 좋다.

**2. 믹싱**

① 보충수를 제외한 모든 재료를 1단에서 6분간 믹싱한다.

② 2단으로 올리고 보충수를 조금씩 부어 반죽에 흡수되도록 4~5분 정도 믹싱한다.

여름철에는 보충수로 얼음물을 사용한다.

③ 글루텐이 충분히 발달하여 반죽이 찢어지지 않고 부드럽게 늘어나며 반죽 표면이 매끄럽도록 믹싱한다.

④ 반죽 목표 온도는 24℃이다.

**3. 1차 발효**

발효통에 향이 없는 오일을 가볍게 바르고 반죽을 넣어 23~24℃에서 30~40분간 발효한다.

### 4. 접기

① 반죽의 3분의 1을 접어 올리고 반대편 반죽도 접어 올린다. 반죽이 총 3겹이 된다.

② 3겹이 된 반죽을 다시 반으로 접고 90° 돌려 비닐을 덮는다.

⊕ 냉장고에서 고르게 냉각하기 위해 뚜껑을 덮지 않는다.

### 5. 저온 발효

냉장고(3~5℃)에서 12~18시간 저온 발효한다.

⊕ 냉장 온도에 따라 실온 발효나 냉장 발효 시간을 조절할 수 있다.

### 6. 실온화

반죽을 냉장고에서 꺼내 20~40분간 실온화 한다. 계절에 따라 실온화 시간을 조절할 수 있다. 반죽 온도는 여름에는 6~7℃, 겨울은 9~10℃ 정도로 맞춘다.

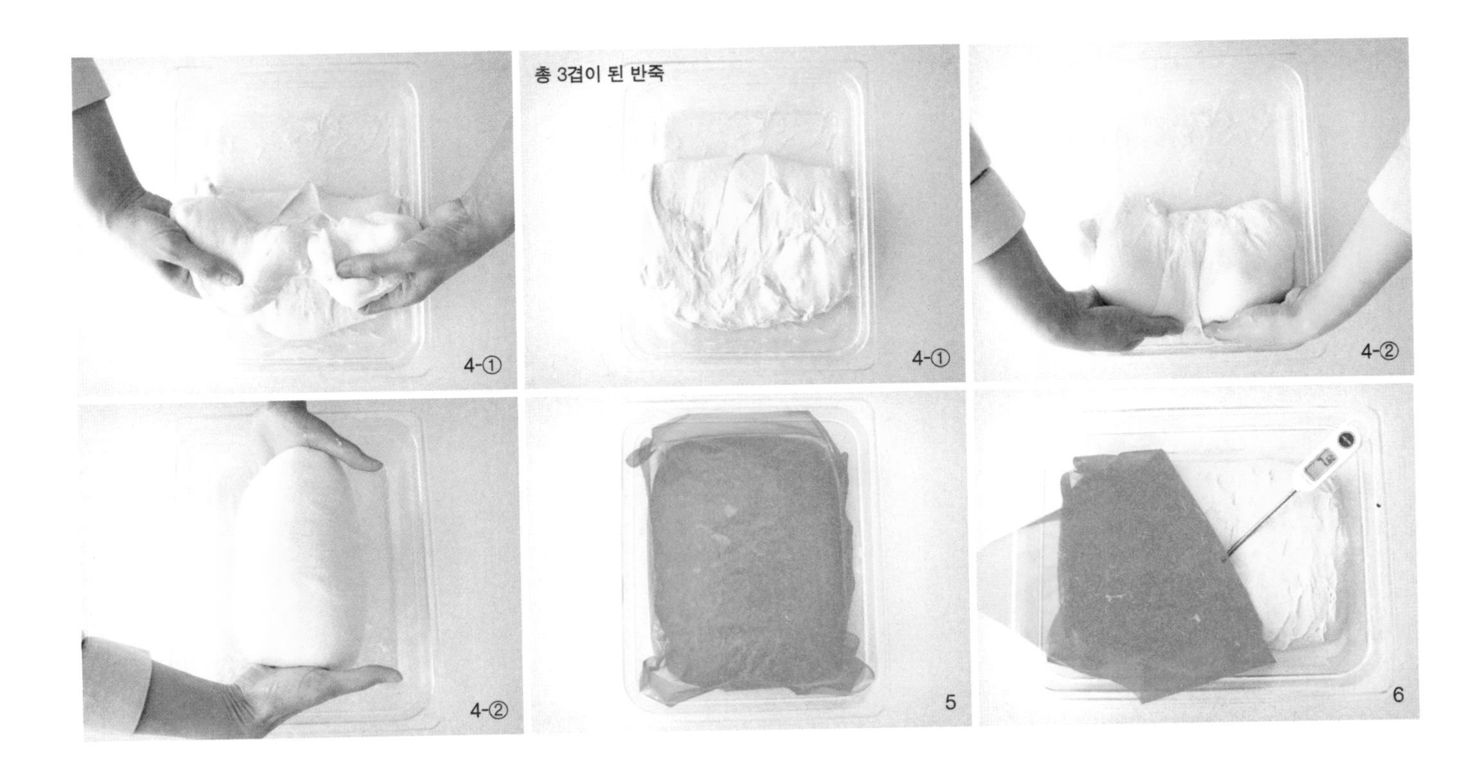

**7. 분할**

① 반죽 위에 덧가루를 뿌린 후 스크래퍼로 발효통과 반죽을 분리한다. 발효통을 엎어 반죽 모양 그대로 작업대 위로 떨어지게 한다.

② 반죽에 덧가루를 뿌리고 가볍게 눌러 반듯한 사각형으로 모양을 잡아 준다. 되도록 사각 모양을 살려 300~310g으로 분할한다.

**8. 가성형**

① 반죽의 윗부분을 3분의 1 정도 내려 접는다.

② 접은 양 끝을 가볍게 둥글린다.

③ 반죽을 180° 돌려 3분의 1을 내려 접는다.

④ 여기도 반죽의 양 끝을 살짝 끌어와 둥글린다.

⑤ 반죽의 끝과 끝이 서로 붙도록 반을 접어 바타르 모양으로 가성형 한다.

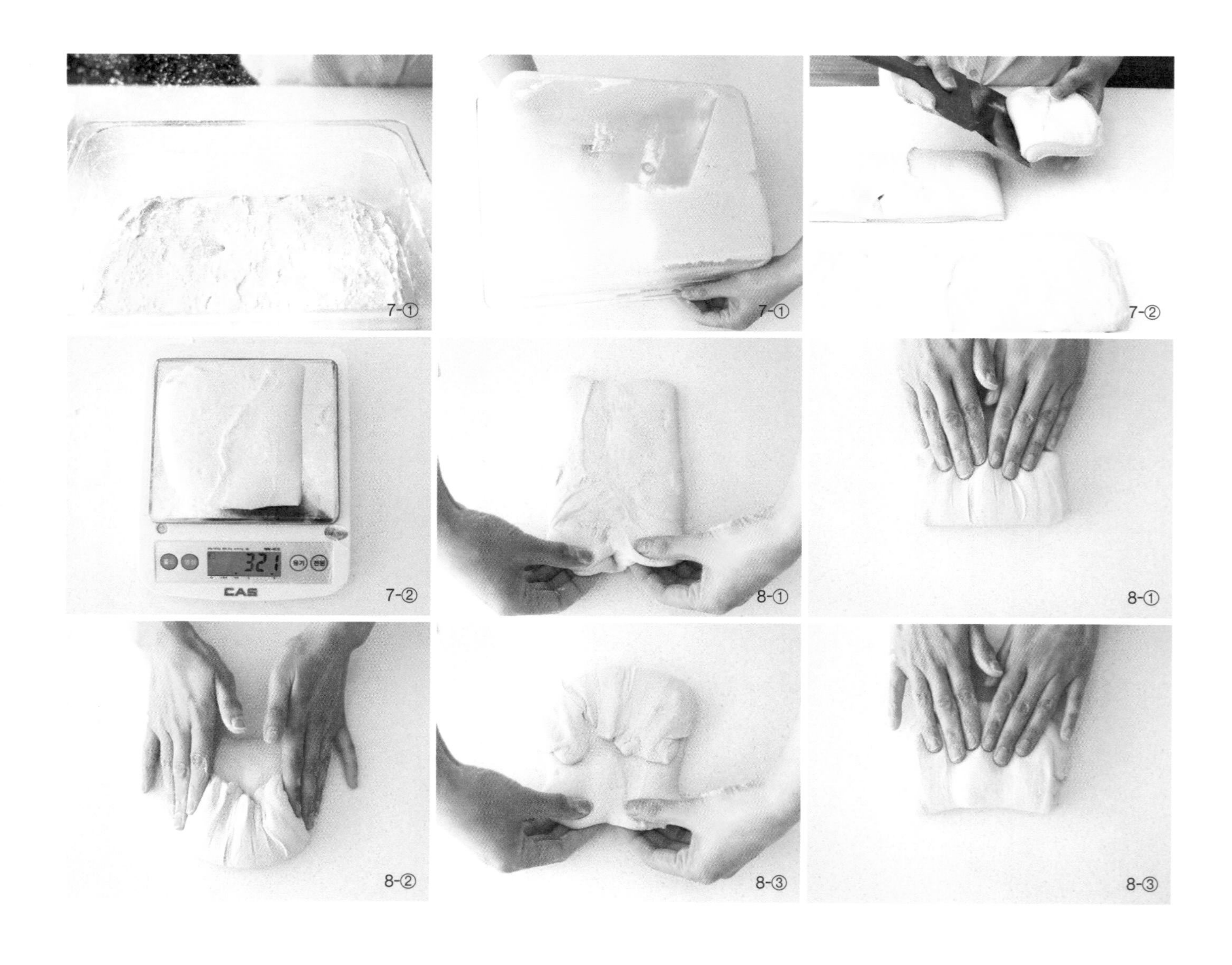


7-① 7-① 7-② 7-② 8-① 8-① 8-② 8-③ 8-③

**9. 휴지**

30분간 휴지한다. 반죽을 휴지 하는 것은 성형이 쉽도록 반죽의 힘을 빼주는 것이다. 하지만 휴지 시간은 반죽의 상태에 따라 조절할 수 있다. 만일 1차 발효가 부족하다면 그냥 성형하는 것보다 휴지 시간을 늘려 발효를 채울 수 있다. 반대로 1차 발효가 많이 되었다면 느슨히 가성형하고 휴지 시간을 짧게 갖는 것도 좋은 방법이다.

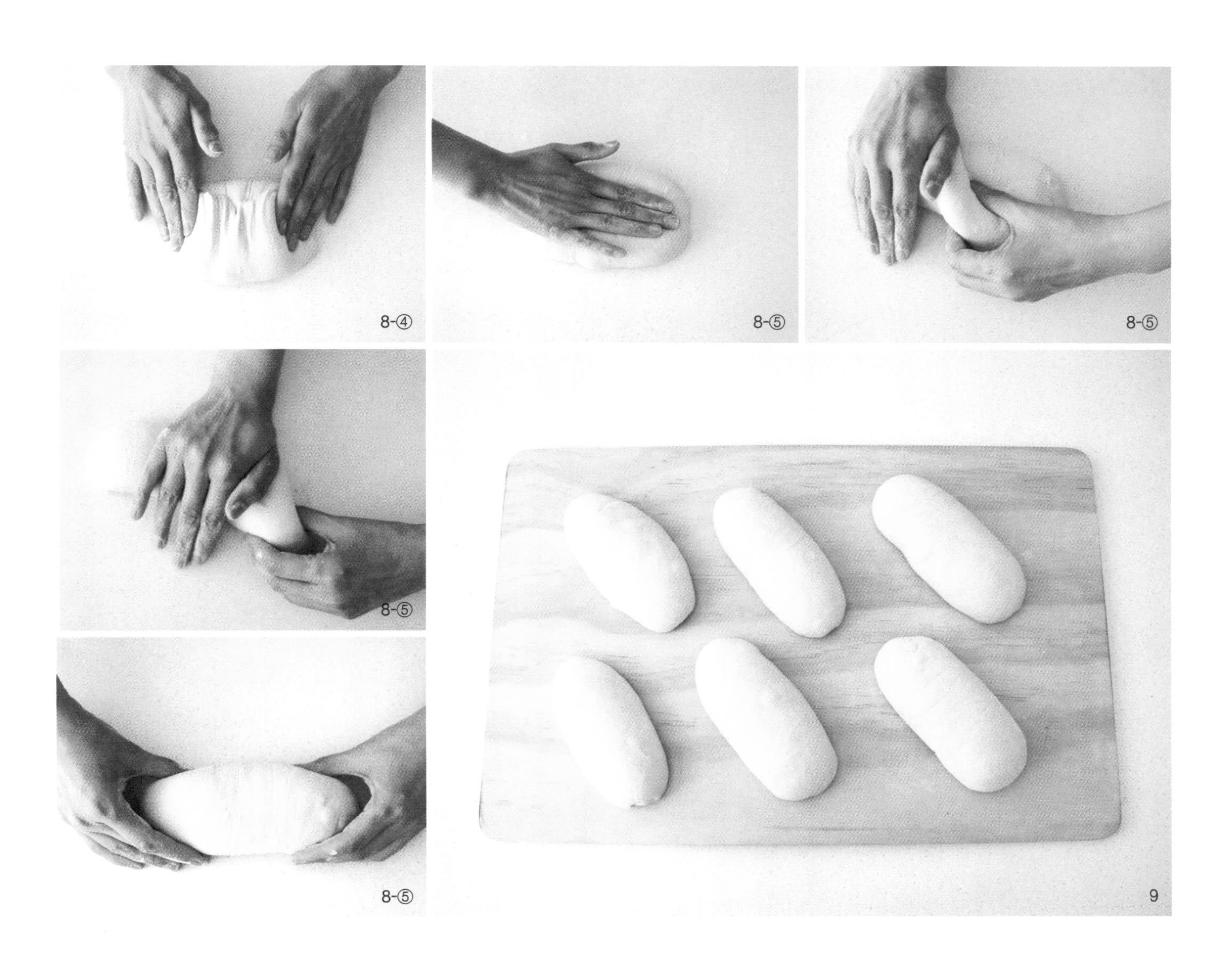

8-④ 8-⑤ 8-⑤ 8-⑤ 8-⑤ 9

**10. 성형**

① 휴지하는 동안 생긴 가스를 가볍게 정리하며 반죽의 3분의 1을 내려 접는다.

② 반죽을 180° 돌려 다시 3분의 1을 내려 접는다. 과정 중간에 반죽을 한 번씩 들었다 놓으며 길이를 늘여 준다. 한 손의 엄지와 검지로 다시 반죽을 반으로 확실히 접는다. 다른 손으로는 반죽의 끝과 끝이 만나도록 가볍게 눌러 준다.

- 이음매를 붙이려고 반죽의 표면을 찢지 않는다.

③ 반죽을 양손으로 살살 굴려 두께를 일정하게 맞추고 40~42㎝가 되도록 한다.

- 컨벡션 오븐에 구울 때는 38㎝ 정도로 맞춘다. 캔버스 천 위에 이음매가 위로 오도록 반죽을 놓는다.
- 바게트나 치아바타, 깜파뉴 같은 반죽은 캔버스 천 위에 올려야 달라붙지 않고 떼어내기 좋다.

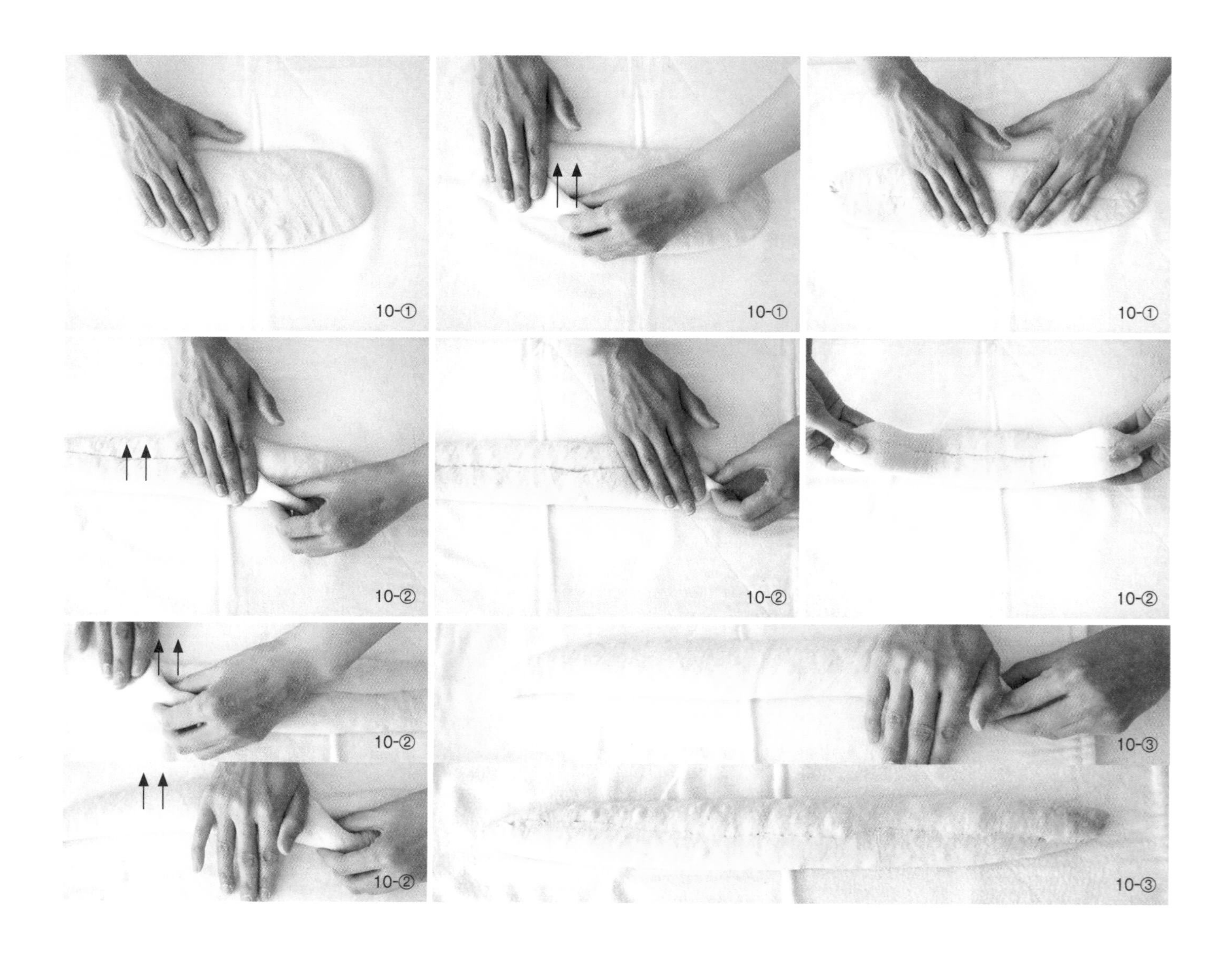

### 11. 2차 발효

23~24℃, 습도 60~70%에서 50~60분간 발효한다. 살짝 눌러 손자국이 남는지 확인하고 2차 발효 완료를 판단한다.

### 12. 패닝

바게트 로더를 이용해 이음매가 아래로 오도록 패닝 한다.

패닝이란 반죽을 굽기 위해 팬 위에 간격을 띄워 올려놓는 것을 말한다.

### 13. 쿠프 내기

쿠프용 나이프로 한 줄 혹은 여러 개의 칼집을 내준다. 여기서는 사선으로 3줄 칼집을 냈다. 이때 칼집은 반죽의 맨 끝에서 끝까지 내고 칼을 세우지 않고 눕혀 사선으로 반죽 중앙에 넣는다.

### 14. 굽기

**컨벡션 오븐**

① 돌판 아래에 스팀을 넣어 줄 돌이나 스테인리스 제품을 넣고 최고 온도로 1시간 정도 예열한다.

② 예열한 돌판 위에 반죽을 올린다.

③ 뜨거운 물 50~70g를 스팀용 팬에 붓는다.

④ 오븐을 끄고 6분간 굽는다.

⑤ 오븐스프링(31쪽)이 끝나면 문을 열어 남아 있는 스팀을 빼준다.

⑥ 오븐을 220~230℃로 켜고 12~14분간 굽는다.

**데크 오븐**

① 아랫불 250℃, 윗불 250℃로 예열한다.

② 반죽을 넣고 스팀 450g(4초) 넣어 8분간 굽고 댐퍼를 열고 14분간 더 굽는다.

⊕ 굽는 온도는 각각의 오븐 사양에 따라 달라질 수 있다.

14-⑤

14-⑥

## 쿠프 차이에 따른 결과물 비교

믹싱부터 성형, 발효까지 잘했다면 쿠프 내기는 사실 빵 맛 자체에는 크게 영향을 끼치는 요인이 아닙니다. 다만 적절하지 않은 쿠프는 볼륨을 작게 하여 껍질이 두껍게 형성되고 무거운 식감을 줄 수 있습니다. 수업하면서 가장 많이 보아온 쿠프 유형과 그에 따른 결과물을 모아 봤습니다. 쿠프는 작업자의 주관적인 영역이므로 정답이 정해져 있지 않지만 반죽의 상태에 맞추어 때로는 얕고 가볍게, 때로는 깊고 과감하게 빵의 볼륨이 최대치가 되도록 적절히 쿠프를 내줘야 합니다.

- 쿠프의 겹치는 부분이 너무 긴 형태입니다. 이렇게 겹침이 길면 칼집을 낸 전체 길이가 길어져 반죽의 힘이 약화됩니다. 그래서 이렇게 칼집이 과하게 들어간 빵은 귀도 살지 못하고 단면도 납작합니다.

- 이 경우는 위와 반대로 쿠프의 겹침이 없거나 아주 짧은 형태입니다. 볼륨은 나쁘지 않지만 반죽의 힘이적절히 빠지지 않아 제멋대로 부풀고 터져 반죽의 겉면이 매끄럽지 못합니다.

• 수업하면서 가장 많이 본 형태입니다. 칼집이 반죽의 가장자리까지 베어버려 오븐 속에서 부풀 때 새로 생기는 껍질이 거의 없습니다. 두꺼운 껍질만 대부분이며 볼륨도 작고 무겁습니다. 이 빵은 내상도 그리 좋지 않습니다.

• 칼집이 중앙으로 들어가지 못하고 반죽의 아래쪽으로 들어간 형태입니다. 칼집은 얕게 사선으로 들어가야 하는데 사실 반죽의 중앙에 얇게 넣기가 어렵습니다. 그러니 얇게 넣기 쉽도록 반죽의 옆면으로 넣어 버린 거지요. 이 경우도 새로 만들어지는 껍질의 비중이 작아 가운데 볼륨이 살지 못하고 귀가 가운데 볼륨을 가로막는 형태입니다. 이러한 칼집은 깜파뉴에서도 많이 보이는 유형입니다.

• 칼의 위치는 정상적이지만 칼집이 수직으로 깊게 들어간 형태입니다. 칼을 눕혀 회 뜨듯이 얇게 들어가야 귀도 살고 볼륨도 좋아지는데 이렇게 칼이 깊게 들어가면 힘이 많이 빠져 볼륨도 작아지고 귀도 살리기 어렵습니다.

## 발효 시간 차이에 따른 결과물 비교

다음은 75쪽에 제시한 레시피대로 같은 반죽, 같은 믹싱, 같은 굽기로 모든 조건을 동일하게 하고 발효 시간만 달리 한 것입니다. 시간에 따라 껍질의 색과 볼륨, 쿠프의 터짐, 내상 등에 차이가 있습니다. 현장에서 이렇게까지 치우쳐 발효할 일은 거의 없지만, 여기서는 결과의 뚜렷한 차이를 보이고자 극단적으로 발효 시간을 조정했습니다.

빵을 만들면서 어디까지가 적정 발효인가에 관해서는 늘 고민하게 됩니다. 빵을 여러 조건으로 만들어 보고 맛을 보면서 내린 결론은 적정 발효의 범위가 기존에 알던 것보다 훨씬 넓을 수도 있다는 것입니다. 바게트나 치아바타 같은 빵은 기공과 모양이 좋은 것을 선호하지만, 모양이 좋은 것이 반드시 적정 발효라고 할 수 있는지도 생각해봐야 할 것 같습니다. 여기서는 무엇이 적당한 발효이고 잘못된 발효인지를 말하고자 하는 것이 아닙니다. 발효 시간에 따른 변화를 살펴보면 빵을 굽고 난 후 결과물에 따라 그 원인을 유추하는 데 조금이나마 참고가 될 것입니다. 개인적으로 발효가 부족한 것을 제외하고는 먹기에 무난했습니다.

• 1차 발효 시간에 따른 변화입니다(시간의 순서 A → B → C).

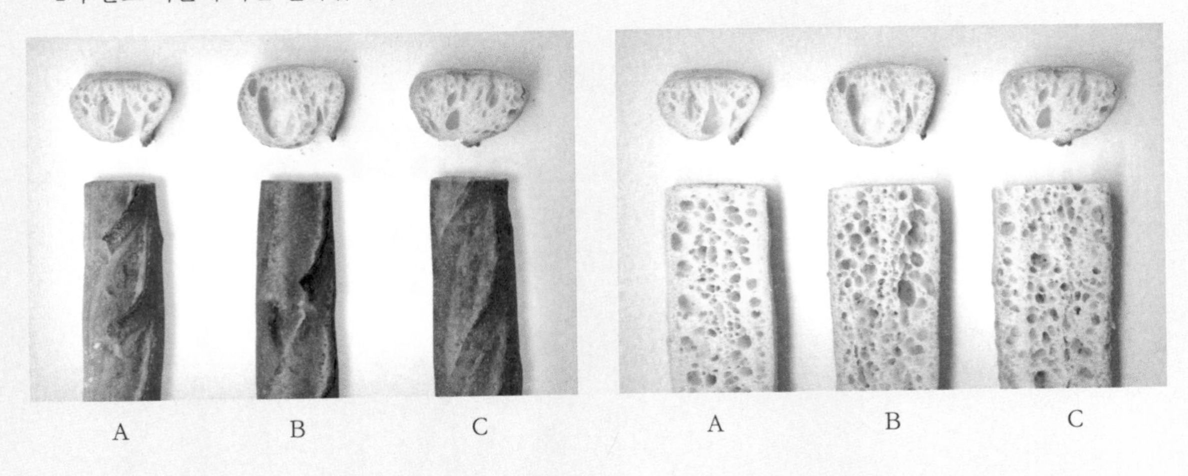

A B C A B C

• 2차 발효 시간에 따른 변화입니다.

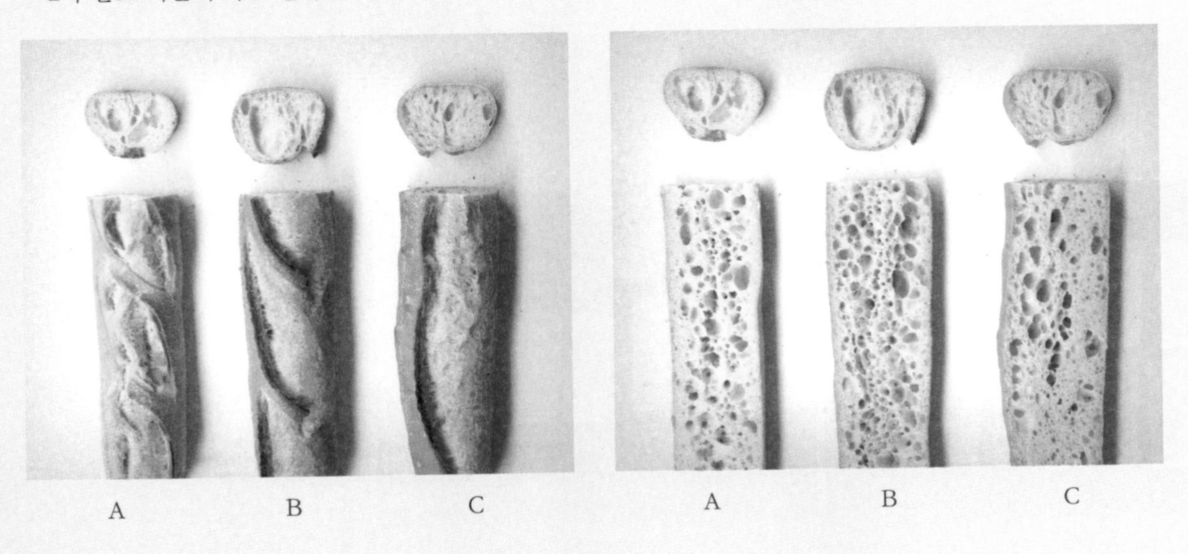

A B C A B C

## 오토리즈(Autolyse)

오토리즈라는 단어는 밀가루의 힘이 약했던 시절에는 없었던 단어다. 밀 농사가 발달하기 전에는 오토리즈 해야 할 만큼 글루텐의 질이 좋지 않아 필요 없는 공정이었으나 점차 밀가루의 힘이 좋아지면서 필요 때문에 생겨났다. 물과 밀가루만 가볍게 섞어 짧게는 15분에서 길게는 1시간 이상 휴지 하는 것으로 특별히 물리적인 힘을 들이지 않고 스스로 글루텐을 결합하고 수화할 수 있도록 하는 것이다.
오토리즈를 거친 반죽은 본 믹싱 시간이 줄어들어 밀가루 고유의 맛과 색을 잃지 않는다. 또 단백질 분해효소인 프로테아제의 활성을 깨워 글루텐을 연화해 반죽을 부드럽게 만든다. 이러한 작용은 최종 결과물이 볼륨 있고 가벼운 내상을 가진 빵이 되도록 도와준다. 물론 모든 밀가루에 통용되는 개념은 아니다. 밀의 종류나 힘, 만들고자 하는 빵의 품목에 따라 아예 안 하는 것이 좋을 때도 있다.

프로테아제 활성 → 글루텐 연화 → 부드러운 반죽 → 볼륨 가벼운 내상 빵

## 기본 온도

믹싱을 하면 반죽은 온도가 올라간다. 믹싱하는 동안 마찰열도 발생하고 밀가루와 물이 결합하면서 생기는 수화열도 생긴다. 이러한 것을 생각하지 않고 믹싱한다면 반죽 온도는 매번 들쑥날쑥할 것이고 그렇다면 일정한 품질의 결과물을 얻기 어렵다. 반죽 온도가 지나치게 높으면 예상보다 글루텐이 빨리 망가지므로 발효가 일찍 완료된다. 반대로 온도가 너무 낮으면 수화도 느리고 글루텐 발달도 늦어 믹싱 시간이 길어지고 발효 시간도 지연될 것이다.
베이커는 일정한 제품을 만들기 위해 원하는 반죽 온도를 맞추는 능력이 필요하다. 그래서 간단한 공식(기본 온도=밀가루 온도+실내 온도+물 온도)으로 반죽 온도를 예상하고 물 온도를 조절하여 사용한다. 물론 이 공식도 참고 정도만 할 수 있을 뿐 모든 상황에 꼭 들어맞는 것은 아니다. 빵을 만드는 데는 일일이 다 열거할 수 없을 만큼 무수한 변수가 존재한다. 그래서 작업자는 자신의 작업장에서 반죽 온도에 영향을 끼치는 여러 요인을 파악하고 목표 온도를 맞추기 위해 노력해야 한다.

### 보충수(바시나주(Bassinage))

넣어야 할 전체 물의 일부(5~10%)를 글루텐이 발달한 후에 보충하여 넣어 주는 것이다. 이러한 방식으로 수분율을 높인 빵은 촉촉하고 풍미가 있으며 보관성도 좋아진다. 수분율이 너무 낮아도 글루텐 발달이 어렵지만 반대로 수분율이 지나치게 높아도 믹싱 시간이 길어진다. 그래서 일정량의 물로 단시간에 글루텐을 발달시키고 믹싱 후반부에는 조금씩 보충해 발달한 글루텐의 조직 사이로 물이 쉽게 침투하게 한다. 이 방법은 주로 바게트나 치아바타와 같이 진 반죽에 적합하다. 높은 수분율의 빵을 만들고 싶거나 더 가볍고 열린 내상의 결과물을 얻기를 바란다면 보충수는 필수이다. 또한 이 기법은 새 밀가루를 테스트할 때 실패 없이 적절한 물 양을 찾을 수 있다는 장점도 있다.

# 풀리쉬 치아바타

치아바타만큼 변화무쌍하고 어디로 튈지 모를 매력이 있는 빵이 또 있을까요. 정형화되지 않은 넓적한 모양에 특별한 개성이 없는 듯 평범해 보이지만 막상 만들려고 할 때 가장 많이 고민되는 빵이 치아바타였습니다. 사전 반죽과 밀가루를 선택하고 발효 방식과 굽는 정도를 결정하는 것은 어려운 일이었습니다. 아마도 먹는 사람마다 취향의 차이가 크기 때문일 것입니다. 치아바타는 누군가에게는 한없이 부드러운 빵일 수 있지만, 어떤 이에게는 투박하고 거친 빵일 수도 있으니까요.
수업에서 곁들여 먹던 허브 마늘 오일을 올리브 오일 대신 반죽 속에 넣어 구웠습니다. 풀리쉬 치아바타는 마늘과 허브의 향이 은은하고 구수하며 누룽지 같은 껍질이 특징입니다.

**전체 과정(스트레이트법)**

**풀리쉬**
25℃ 물에 이스트, 밀가루 섞어
24~26℃ 120분
냉장 12~20시간 숙성
↙
**믹싱**
1단 5분 2단 6~7분
반죽 목표 온도 24℃
↙
**1차 발효**
23~24℃ 40분 → 접기 → 40분 → 접기 → 40분
↙
**분할**
치아바타 분할
↙
**2차 발효**
23~24℃, 습도 60~70% 30~40분
↙
**굽기**
컨벡션 오븐 최고 온도 예열
스팀 넣고 6분간 끄고 260℃ 5~8분

**재료**

**풀리쉬(36쪽)**
밀가루(맥선 유기농 강력분) 400g(40%)
물 400g(40%)
이스트(사프 세미 드라이 이스트 레드) 3g(0.3%)

**본 반죽**
밀가루(맥선 유기농 강력분) 550g(55%)
통밀(허틀랜드 통밀가루) 50g(5%)
풀리쉬 전량
물 350g(35%)
소금 20g(2%)
보충수 100g(10%)
허브 마늘 오일 60g(6%)

**허브 마늘 오일**
향이 없는 오일(포도씨유, 카놀라유, 해바라기유 등) 500g
통마늘 200g
4색 통후추 20g
로즈마리 8줄기
타임 8줄기
페페론치노 8개

**만드는 방법**

**1. 풀리쉬 만들기**

① 25℃ 정도의 물에 이스트를 잘 푼다. 밀가루를 넣어 날가루가 보이지 않도록 섞는다.

② 24~26℃에서 120분간 발효하여 냉장고(3℃)에 12~20시간 저온 숙성한다. 풀리쉬가 완료된 상태는 기포가 전체적으로 생기고 부풀었다 가라앉으며 반죽 표면에 주름이 생길 때이다.

**2. 허브 마늘 오일 만들기**

① 마늘 오일 재료를 준비하고 냄비에 오일, 마늘, 통후추를 넣고 가장 약불에 끓인다.

② 가끔 저어가며 마늘이 골고루 색이 나도록 끓인다.

③ 마늘이 전부 떠오르고 전체적으로 황금색이 나면 허브와 페페론치노를 넣고 3분간 더 두었다가 불을 끈다(50쪽).

1-① 1-① 1-② 1-② 2-1 2-2

### 3. 믹싱

① 보충수와 오일을 제외한 모든 재료를 반죽기에 넣고 1단에서 5분간 믹싱한다.

② 2단으로 올리고 믹싱하면서 보충수를 조금씩 부어 반죽에 흡수되도록 한다. 보충수를 다 넣으면 허브 마늘 오일도 같은 방법으로 조금씩 부어 준다. 2단으로 6~7분 정도 소요된다. 반죽은 매끄럽고 신장성이 아주 좋은 상태이다.

⊕ 풀리쉬가 차가운 상태지만 믹싱 시간이 길어 여름철에는 얼음물을 사용할 수 있다.

③ 반죽의 목표 온도는 24℃이다.

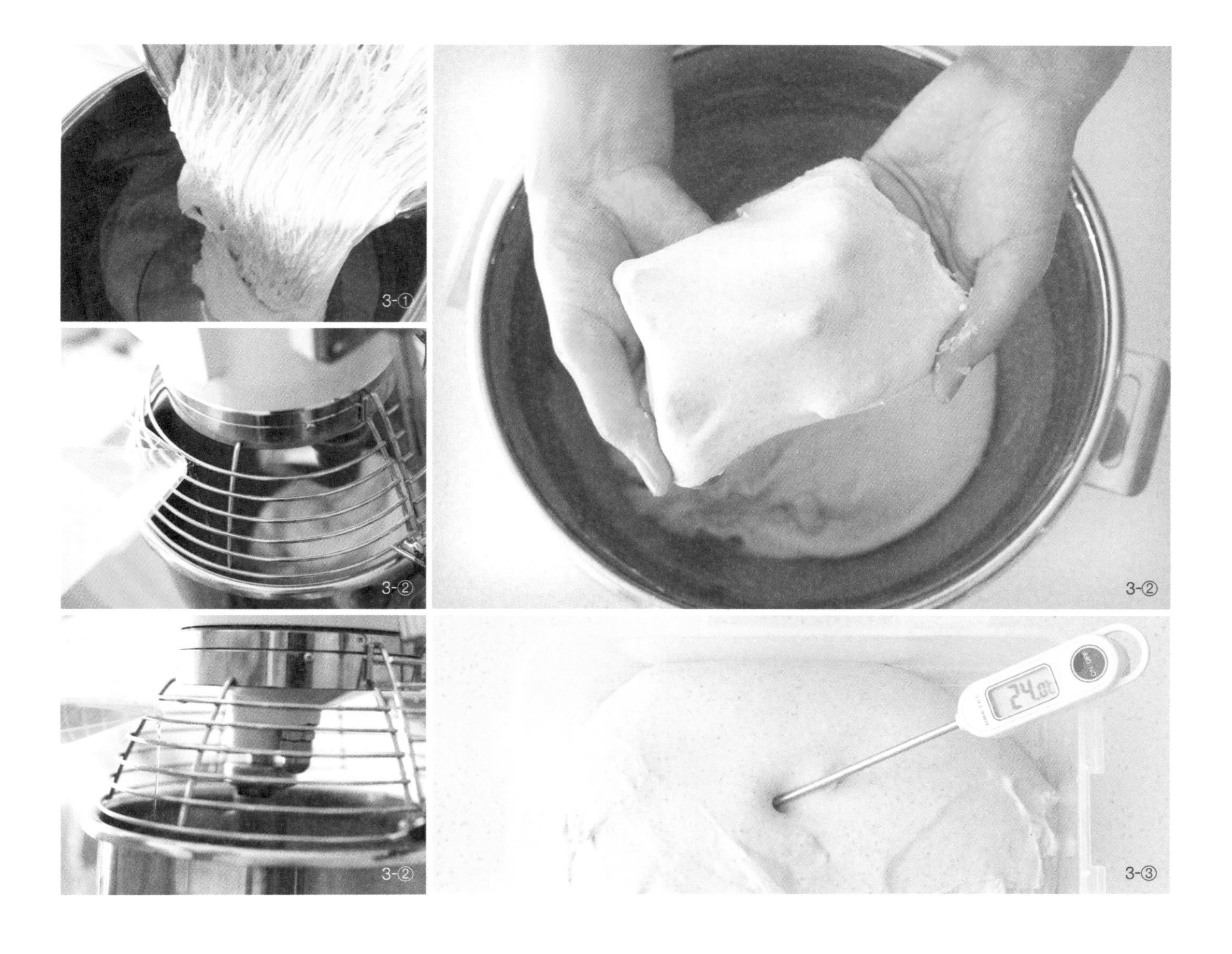


3-① 3-② 3-② 3-② 3-③

### 4. 1차 발효, 접기

① 발효통에 올리브 오일을 가볍게 발라 반죽을 넣고 40분간 둔다.

② 한 방향으로 돌돌 말아 접어 90° 돌려 40분간 둔다.

③ 2와 같은 방법으로 돌돌 말아 접어 90도 돌려 40분간 더 둔다. 23~24℃에서 총 110~120분간 발효한다.

◎ 여기서는 반죽을 두 개로 나누어 플레인과 올리브 치즈 치아바타로 만들었다. 올리브 등의 충전물은 반죽 위에 올려 4-①부터 반복한다. 충전물의 양은 가루 대비 30% 정도로 한다.

### 5. 분할, 성형

① 반죽 위에 덧가루를 충분히 뿌리고 스크래퍼로 발효통과 반죽을 분리한다.

② 발효통을 엎어 반죽 모양 그대로 작업대 위로 떨어지게 한다.

③ 덧가루를 뿌리고 가볍게 눌러 가스를 정리하며 가로 30㎝, 세로 24㎝로 모양을 잡는다.

◎ 크게 구우려면 빵의 개수를 줄이고 작게 구우려면 여러 개로 잘라도 괜찮다.

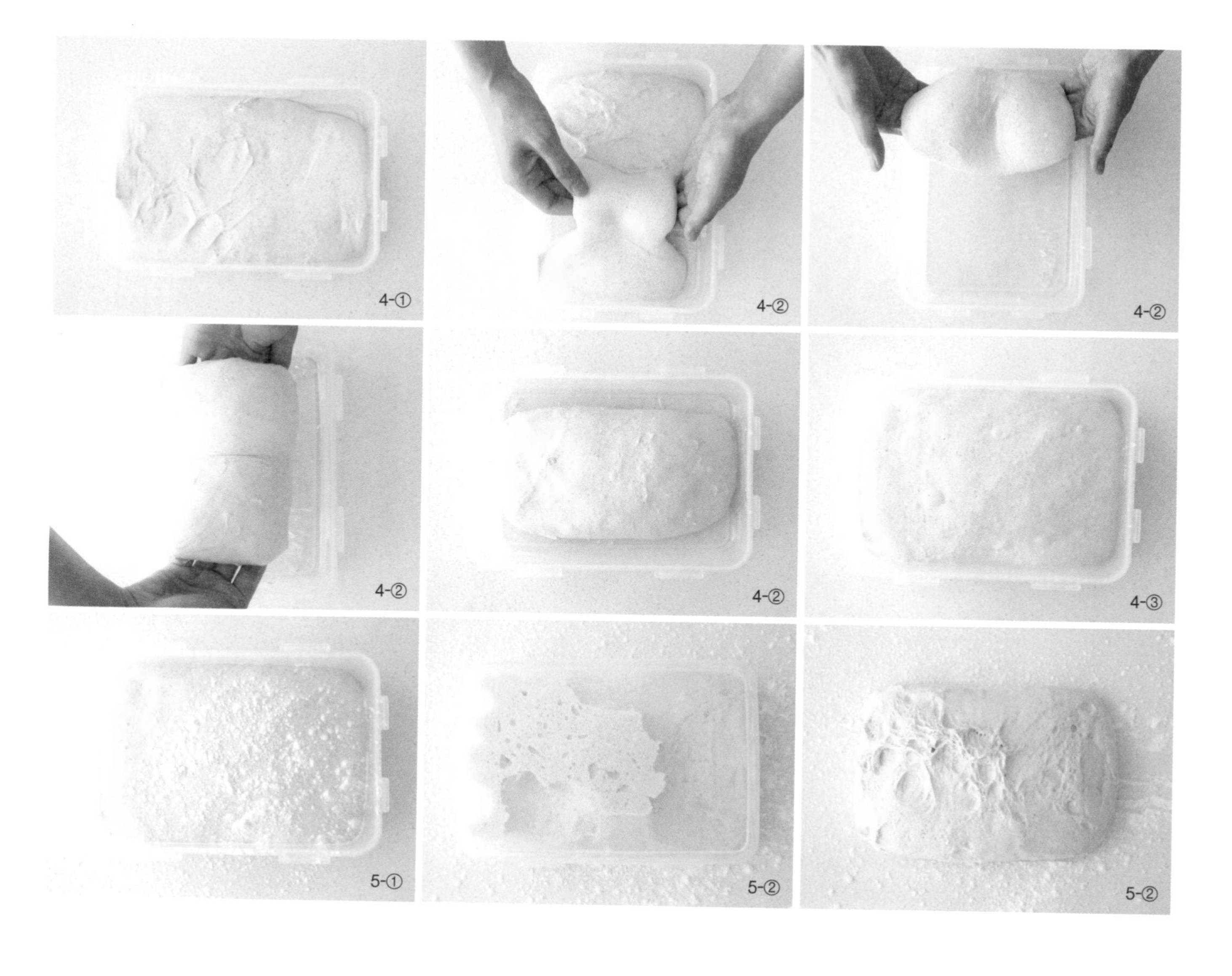
4-① 4-② 4-② 4-② 4-② 4-③ 5-① 5-② 5-②

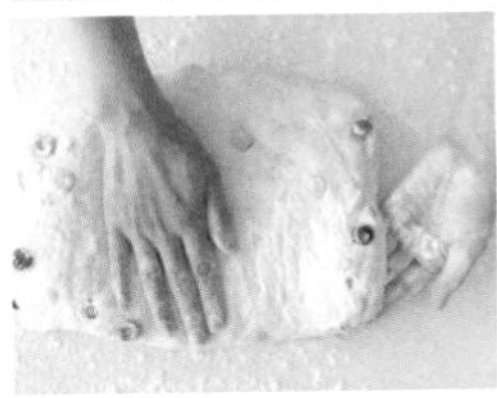

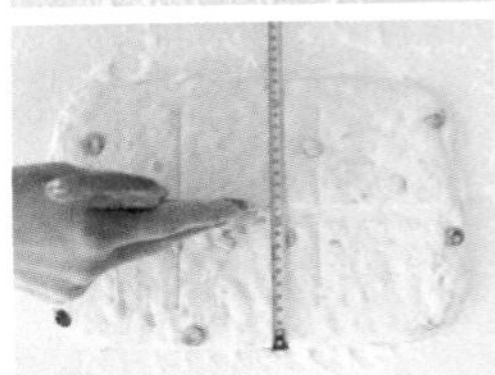

④ 가로 10㎝, 세로 12㎝로 여섯 개가 되도록 분할한다. 치아바타는 특별한 성형이 없다. 분할이 곧 성형이다. 분할한 반죽은 잘린 단면이 끈적하지 않도록 덧가루를 고루 묻혀 반죽의 아래위를 뒤집지 않고 그대로 캔버스 천 위에 올린다.

### 6. 2차 발효

23~24℃에서 30~40분간 발효한다. 반죽이 살짝 부풀고 눌렀을 때 손자국이 남는지 확인하여 2차 발효 완료를 판단한다.

⊕ 반죽의 수분율이 높고 타이트한 성형 없이 납작한 모습 그대로 두기 때문에 치아바타의 2차 발효는 길지 않다.

### 7. 패닝

반죽의 아랫면이 위로 오도록 뒤집어 패닝 한다.

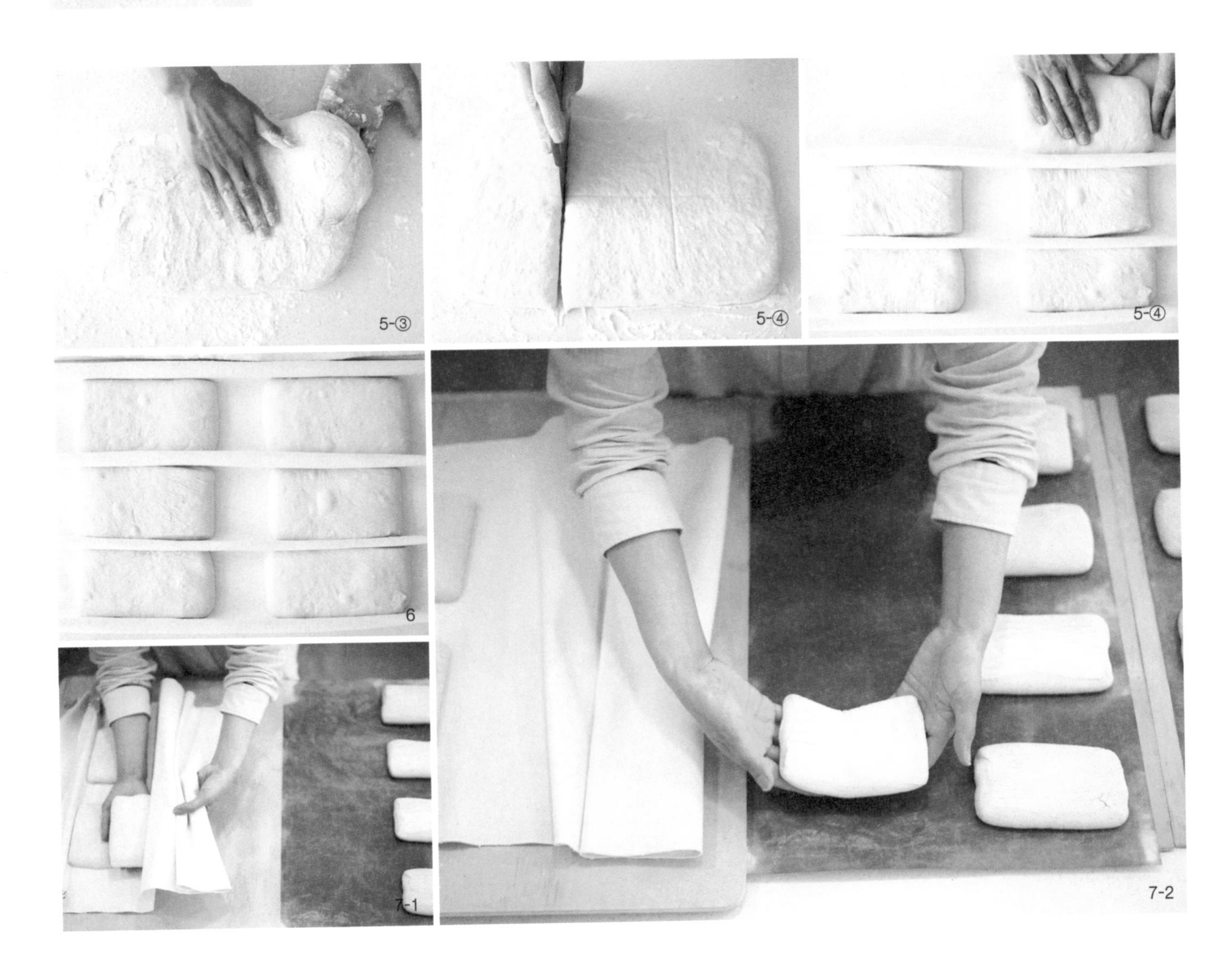

### 8. 굽기

**컨벡션 오븐**

① 돌판을 최고 온도로 한 시간 정도 예열한 뒤 반죽을 올리고 뜨거운 물 50~70g를 스팀용 팬에 붓는다.

⊕ 돌판을 예열할 때 스팀용 돌이나 스테인리스 제품을 넣어 함께 예열한다.

② 오븐을 끈 채로 6분간 두고 오븐스프링이 끝나면 문을 열어 남아 있는 스팀을 뺀다.

③ 260℃에서 5~ 8분간 원하는 색이 나도록 굽는다.

**데크 오븐**

① 아랫불 270℃, 윗불 270℃로 예열한다.

② 반죽을 넣고 스팀 450g(4초)를 넣어 8분간 굽고 댐퍼를 열어 6~10분간 더 굽는다.

⊕ 치아바타는 취향과 용도에 따라 색을 진하게 혹은 연하게 구울 수 있다. 굽는 온도는 각각의 오븐 사양에 따라 달라질 수 있다.

## 1차 발효 시간 차이에 따른 결과물 비교

다음은 모든 공정은 같게 하고 1차 발효만 달리한 치아바타의 단면입니다. 오른쪽으로 갈수록 1차 발효 시간이 깁니다.

B가 반드시 적정 발효라고 할 수 없고 발효를 더한 C가 맛이 나쁘다고 할 수도 없습니다. 발효가 매우 부족한 A만 제외하고 모두 먹기에 무리가 없었습니다.

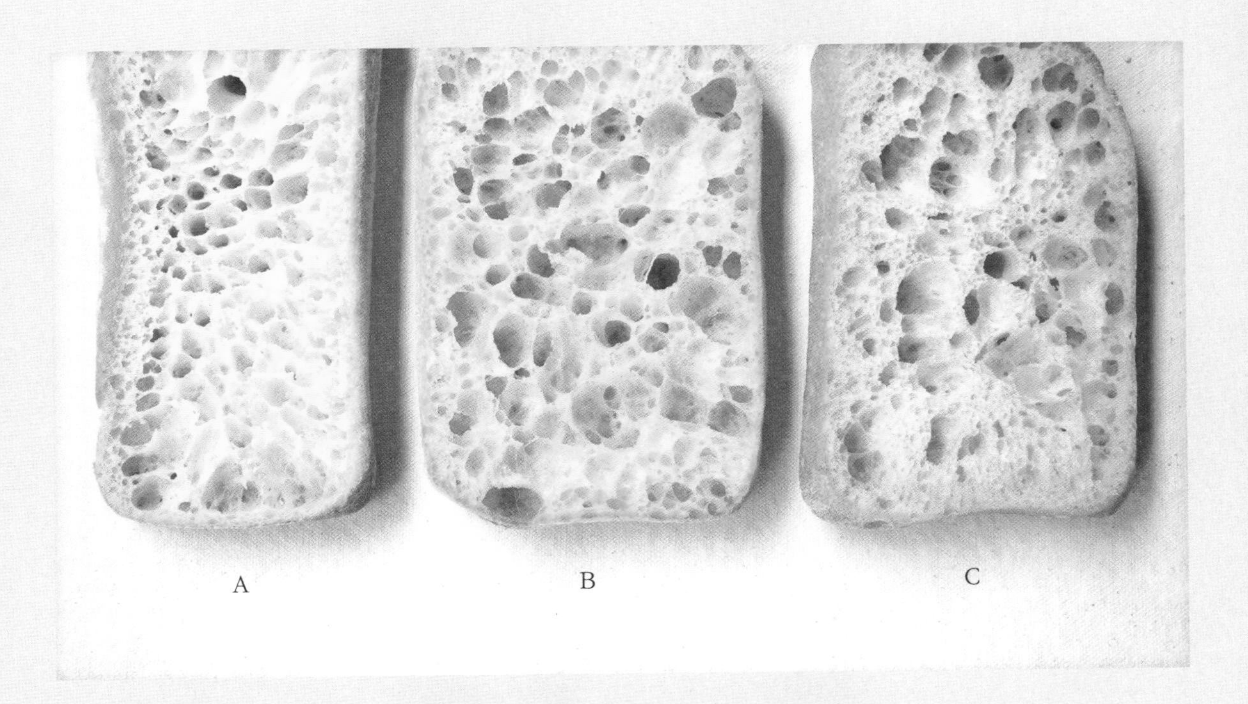

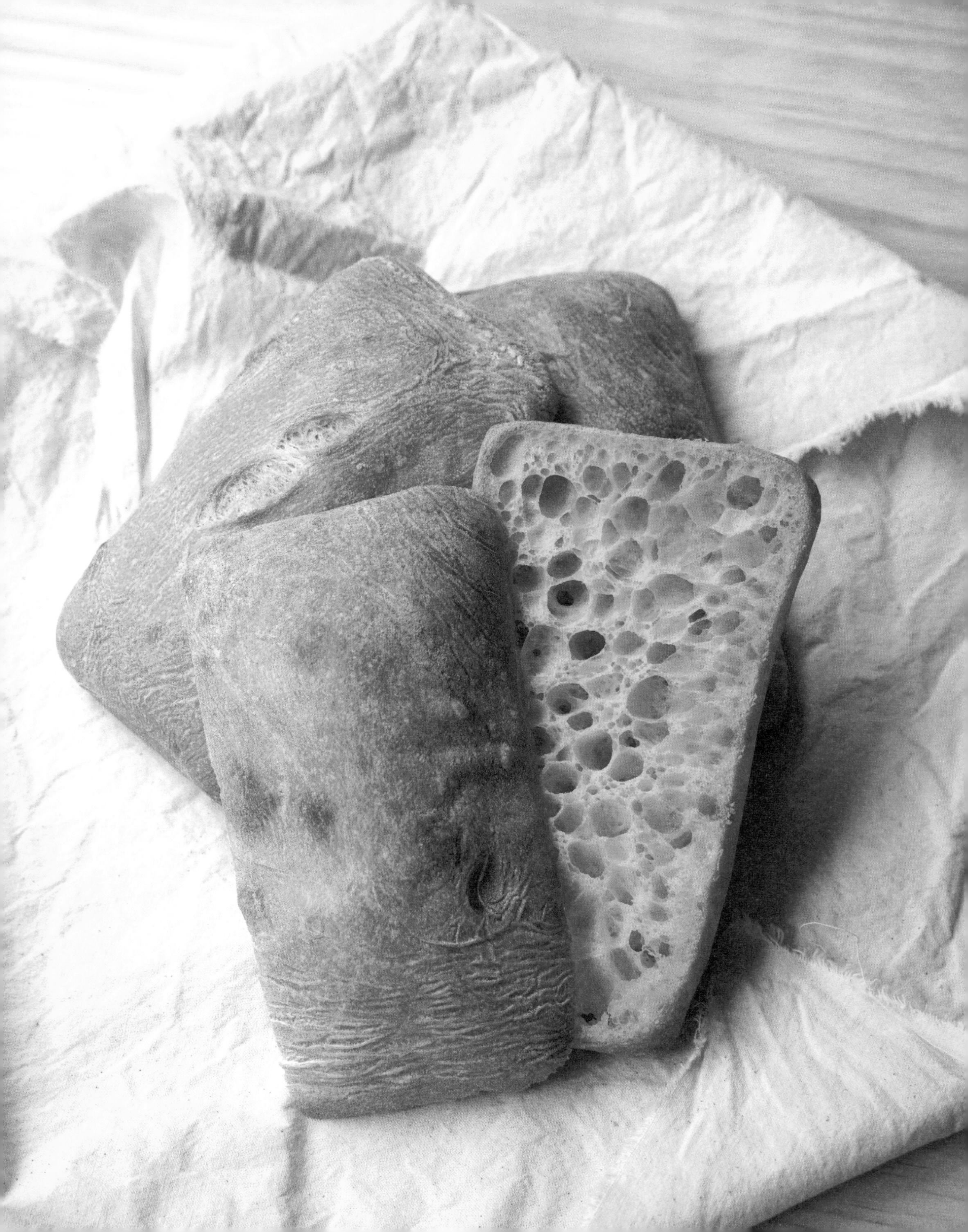

# 르방 치아바타

이 치아바타는 르방을 사전 반죽으로 사용하고 저온 발효하여 쫀득쫀득하고 차진 속살이 특징입니다. 풀리쉬를 사용한 치아바타처럼 가볍지는 않지만 맨 빵만 씹어도 씹을수록 단맛이 올라오는 빵이지요. 치아바타처럼 재료가 단순한 빵일수록 발효가 빵 맛을 많이 좌우합니다. 충분한 발효로 맛을 내는 데 집중한다면 간단한 재료로도 얼마든지 맛있는 빵을 만들 수 있습니다.

**전체 과정(1차 저온법)**

**오토리즈**
1단 2~3분, 30분
↙
**믹싱**
1단 3분, 2단 5~6분
반죽 목표 온도 24℃
↙
**1차 발효**
23~24℃ 40~50분
냉장 12~18시간
↙
**분할**
치아바타 분할
↙
**2차 발효**
23~24℃, 습도 60~70% 30~40분
↙
**굽기**
컨벡션 오븐 260℃ 예열
스팀 넣고 6분간 끄고 260℃ 5~8분

**재료**

**본 반죽**
밀가루(맥선 유기농 강력분) 700g(70%)
밀가루(물비(Moul-Bie) 트레디션 T65) 300g(30%)
물 730g(73%)
르방 250g(25%)
소금 22g(2.2%)
이스트(사프 세미 드라이 이스트 레드) 3g(0.3%)
보충수 67g(6.7%)
엑스트라 버진 올리브 오일 80g(8%)

**만드는 방법**

### 1. 오토리즈

물과 밀가루를 반죽기에 1단으로 2~3분간 날가루가 없도록 섞는다. 30분간 오토리즈 한다.

⊕ 여름철에는 냉장고에서 오토리즈 해도 좋다.

**2. 믹싱**

① 보충수와 올리브 오일을 제외한 모든 재료를 반죽기에 넣고 1단에서 3분간 믹싱한다.

② 2단으로 올려 믹싱하며 보충수를 조금씩 부어 반죽에 흡수되도록 하고 올리브 오일도 조금씩 부어 흡수시킨다. 2단으로 총 5~6분 정도 소요된다.

③ 반죽은 매끄럽고 신장성이 좋은 상태이다.

**3. 1차 발효**

발효통에 올리브 오일을 가볍게 바르고 23~24℃에서 40분~50분간 발효한다. 반죽 목표 온도 24℃이다.

2-①
2-②
2-②
2-③
3

### 4. 접기

반죽을 한 방향으로 돌돌 말아 접어 90도 돌려놓고 비닐을 덮는다.

⊕ 냉장고에서 고르게 냉각하기 위해 뚜껑을 덮지 않는다.

### 5. 저온 발효

냉장 3~5℃에서 12~18시간 저온 발효한다. 냉장 온도에 따라 실온 발효나 냉장 발효 시간을 조절할 수 있다.

### 6. 실온화

반죽을 냉장고에서 꺼내 20분간 실온화 한다.

⊕ 계절에 따라 실온화 시간을 조절할 수 있다. 반죽 온도는 여름에는 6~7℃, 겨울은 9~10℃ 정도로 맞춘다.

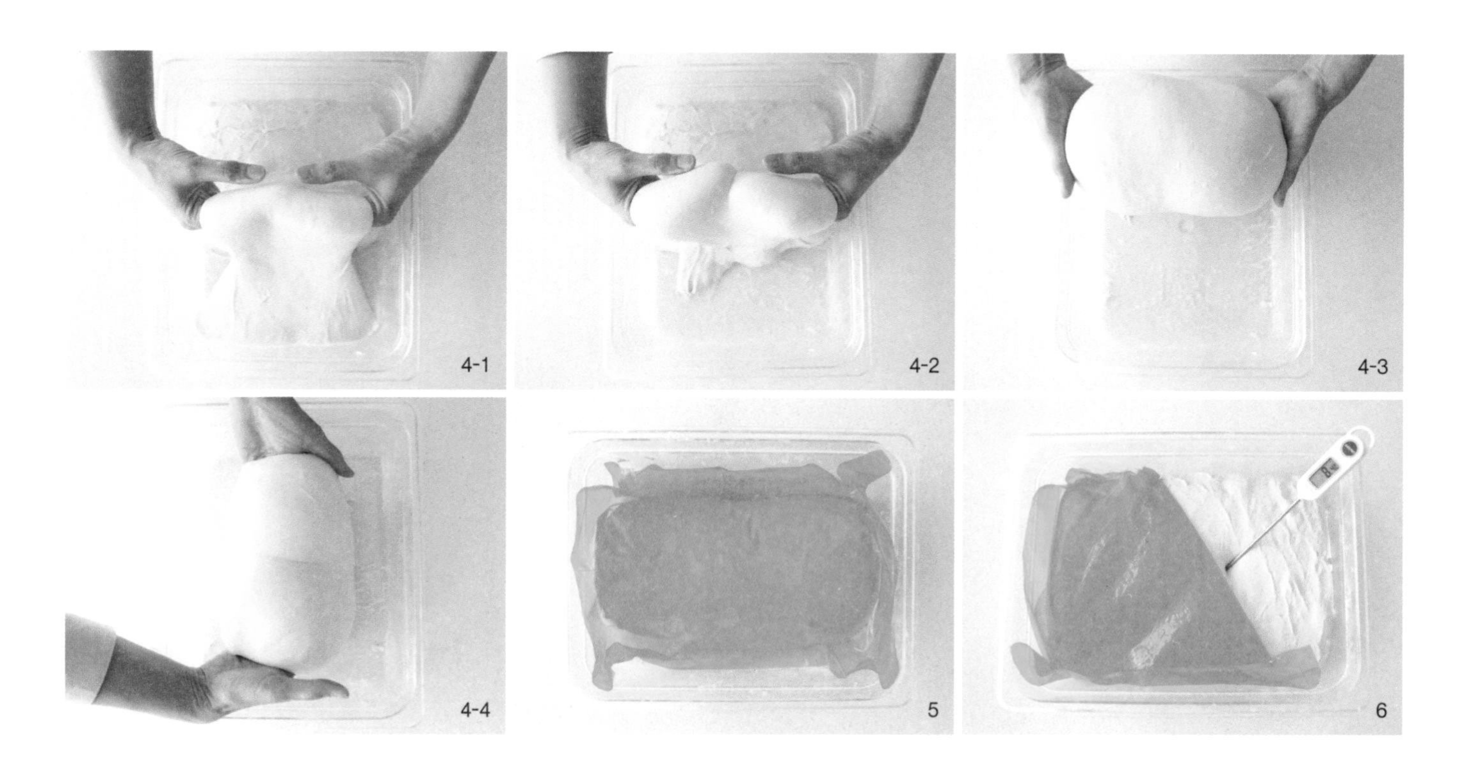

**7. 분할, 성형**

① 반죽 위에 덧가루를 충분히 뿌리고 스크래퍼로 발효통과 반죽을 분리한다.

② 발효통을 엎어 반죽 모양 그대로 작업대 위로 떨어지게 한다.

③ 반죽에 덧가루를 뿌리고 가볍게 눌러 가로 54㎝, 세로 26㎝로 모양을 잡아 준다.

④ 가로 9㎝,세로 13㎝로 12개가 되도록 분할한다.

⑤ 분할한 반죽은 덧가루를 고루 묻혀 반죽의 아래위를 뒤집지 않고 그대로 캔버스 천 위에 올린다.

**8. 2차 발효**

23~24℃에서 30~40분간 발효한다. 반죽이 살짝 부풀고 눌러 보아 손자국이 남는지 확인하여 2차 발효 완료를 판단한다.

수분율이 높고 타이트한 성형 없이 납작한 모습 그대로 두기 때문에 치아바타의 2차 발효는 길지 않다.

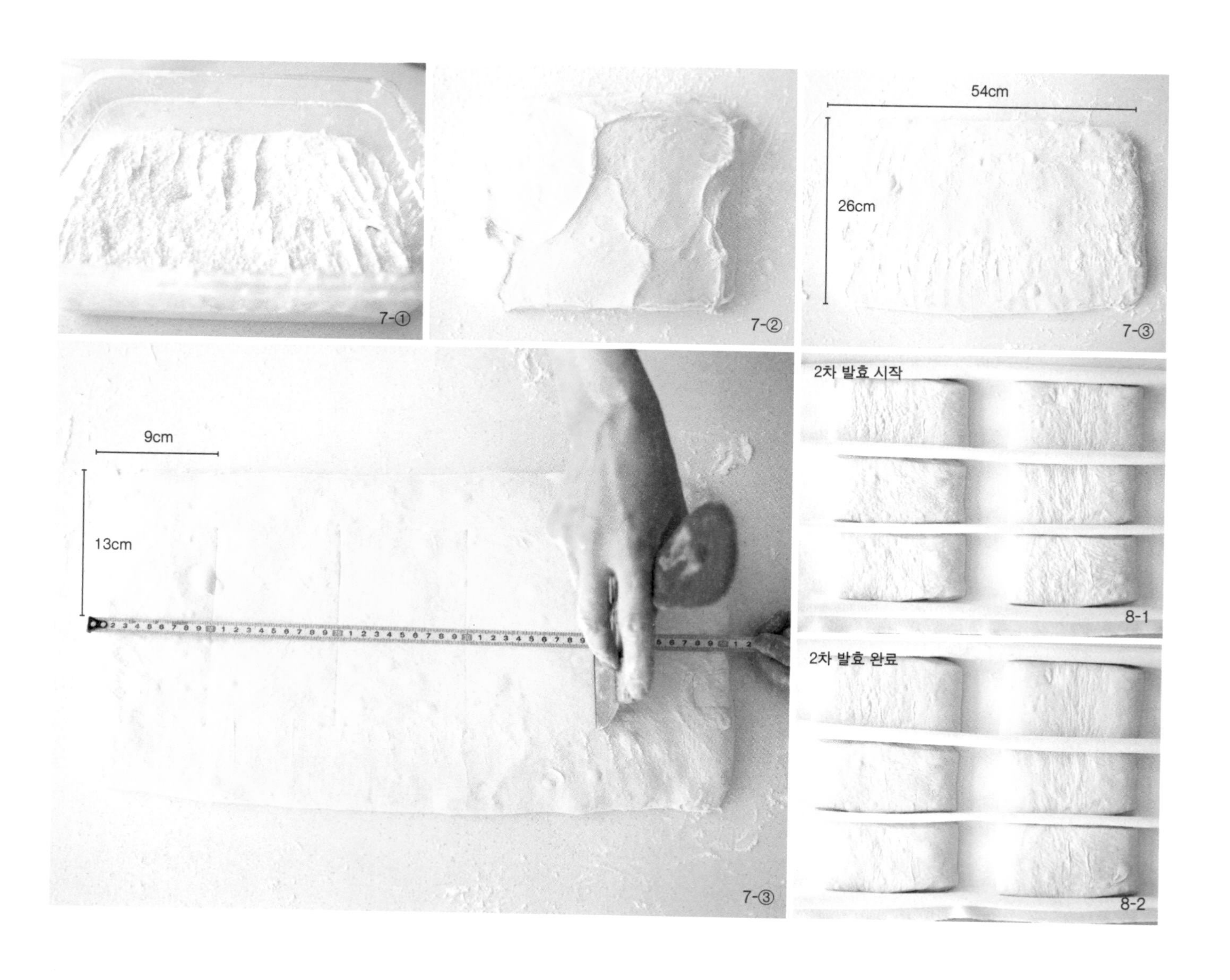

### 9. 패닝

2차 발효를 마친 반죽의 아랫면이 위로 오도록 뒤집어 패닝 한다.

### 10. 굽기

**컨벡션 오븐**

① 최고 온도로 한 시간 정도 예열한 돌판 위에 반죽을 올리고 뜨거운 물 50~70g 정도 스팀용 팬에 붓는다.

스팀용 돌이나 스테인리스 제품을 넣은 팬을 함께 예열한다.

② 오븐을 6분간 끄고 오븐스프링이 끝나면 문을 열어 남아 있는 스팀을 빼준다.

③ 260℃로 5~ 8분간 원하는 색이 나도록 굽는다.

**데크 오븐**

아랫불 270℃, 윗불 270℃로 예열한다. 반죽을 넣고 스팀을 450g(4초) 넣어 8분간 굽고 댐퍼를 열어 6~10분간 더 굽는다.

치아바타는 취향과 용도에 따라 색을 진하게 혹은 연하게 구울 수도 있으며, 굽는 온도는 각각 오븐 사양에 따라 달라질 수 있다.

9-1 9-2 10

# 감자 포카치아

이름은 멋있게도 포카치아지만 사실은 냉털빵입니다. 냉장고 속에 남아 구르는 재료를 꺼내 보세요. 감자, 파프리카, 남은 햄 조각, 대파, 양파 등 어떤 재료도 맛있게 잘 어우러집니다. 자유롭고 창의적으로 새로운 빵을 만들어 보세요. 만들다 보면 유레카를 외치는 새로운 조합도 만나게 될 것입니다.

**전체 과정(1차 저온법)**

**오토리즈**
1단 2~3분, 30분
↙
**믹싱**
1단 3분 2단 5~6분
반죽 목표 온도 24℃
↙
**1차 발효**
23~24℃ 30분
냉장 15~20시간
↙
**분할**
90g
↙
**휴지**
20분
↙
**성형**
포카치아 성형
↙
**2차 발효**
23~24℃, 60분
↙
**굽기**
컨벡션 오븐 260℃ 스팀 넣고 9~10분

**재료(90g×25개 분량)**

**본 반죽**
밀가루(맥선 유기농 강력분) 800g(80%)
밀가루(물비(Moul-Bie) 트레디션 T65) 200g(20%)
물 750g(75%)
익힌 감자 240g(24%)
고생지 140g(14%)
설탕 20g(2%)
소금 21g(2.1%)
이스트(사프 세미 드라이 이스트 레드) 4g(0.4%)
보충수 40g(4%)
올리브 오일 90g(9%)

**토핑용**
방울토마토
가지
양파
체더치즈
모차렐라 치즈
할라페뇨
바질 페스토
발사믹 글레이즈
올리브 오일
로즈마리
타임 등

**도구**
10㎝×2.5㎝의 원형 틀

**만드는 방법**

### 1. 오토리즈

물과 밀가루를 반죽기에 넣고 1단으로 2~3분간 날가루가 없어질 때까지 섞는다. 30분간 오토리즈 한다.

⊕ 여름철에는 냉장고에서 오토리즈 할 수 있다.

### 2. 감자 익히기

감자는 작게 잘라 랩을 씌워 전자레인지에 익힌다. 익은 감자는 뜨거울 때 으깨 잠시 냉장고에 넣는다.

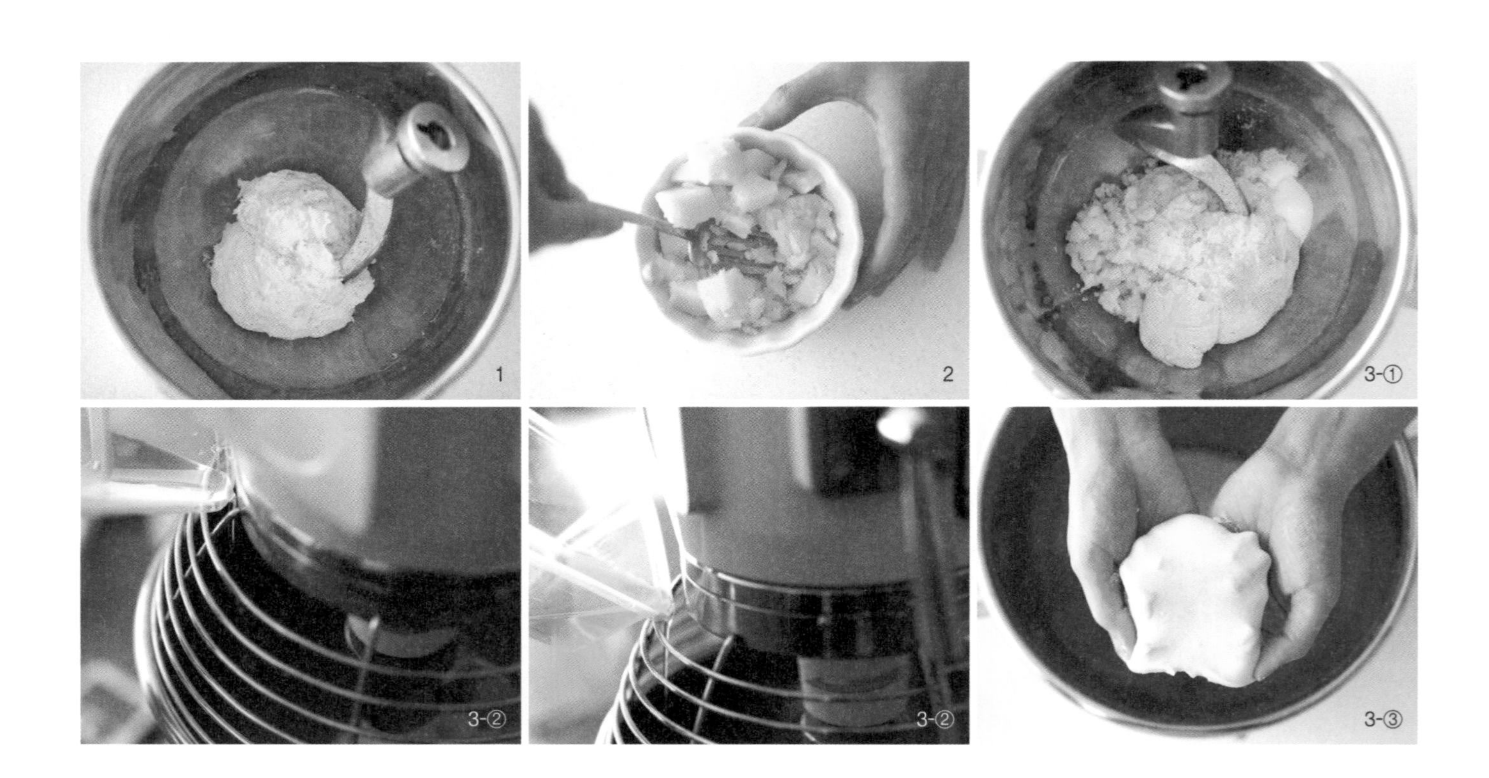
1 2 3-① 3-② 3-② 3-③

#### 3. 믹싱

① 보충수와 올리브 오일을 제외하고 감자를 포함한 모든 재료를 반죽기에 넣고 1단에서 3분간 믹싱한다.

② 2단으로 올려 믹싱하며 보충수를 조금씩 부어 반죽에 흡수되도록 하고 올리브 오일도 조금씩 부어 흡수시킨다. 2단으로 총 5~6분 정도 소요된다.

③ 믹싱이 끝난 반죽은 감자가 들어가 매끄럽지 않고 탄력이 있는 편이다.

④ 반죽 목표 온도는 24℃이다.

#### 4. 1차 발효

발효통에 올리브 오일을 가볍게 바르고 23~24℃에서 30분간 발효한다.

#### 5. 접기

반죽을 한 방향으로 돌돌 말아 접어 90° 돌려놓고 비닐을 덮는다.

⊕ 냉장고에서 고르게 냉각하기 위해 뚜껑은 덮지 않는다.

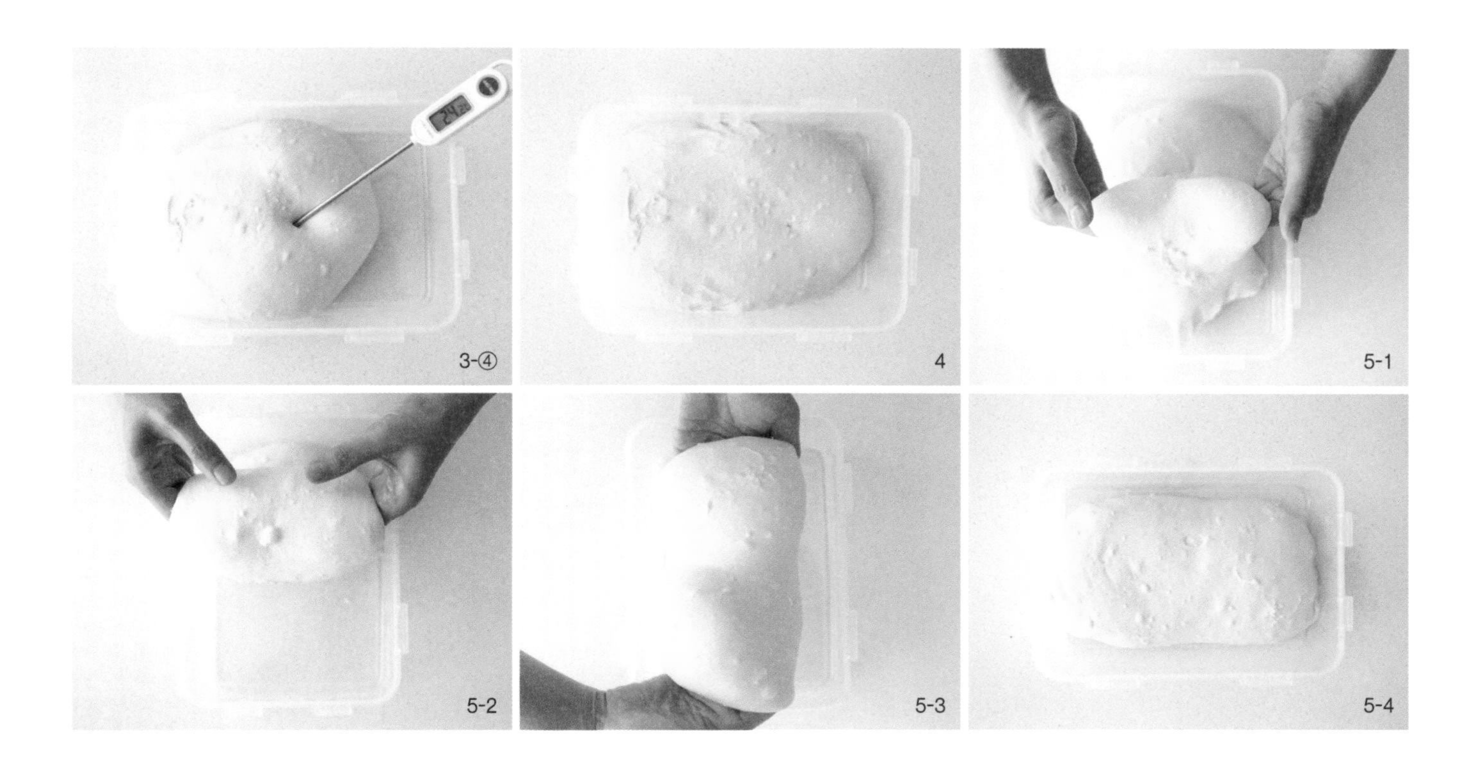

**6. 저온 발효**

냉장고(3~5℃)에서 15~20시간 저온 발효한다.

⊕ 냉장 온도에 따라 실온 발효나 냉장 발효 시간을 조절할 수 있다.

**7. 실온화**

반죽을 냉장고에서 꺼내 20분간 실온화 한다.

⊕ 계절에 따라 실온화 시간을 조절할 수 있다.

**8. 분할, 가성형**

① 반죽 위에 덧가루를 뿌리고 스크래퍼로 발효통과 반죽을 분리한다.

② 지름 10㎝ 원형 틀은 90g씩 분할하고, 틀 없이 굽는 것은 100g씩 분할한다.

③ 분할한 반죽은 둥글리기(43쪽) 하여 올리브 오일을 넣은 틀에 올리거나 올리브오일을 두른 팬에 올린다.

**9. 휴지**

20분간 휴지한다.

**10. 2차 발효, 성형**

① 휴지가 끝나면 반죽에 올리브 오일을 바르고 손가락으로 틀에 맞도록 누른다.

② 베이킹 팬에 구울 때는 반죽 중앙에서 바깥쪽으로 돌려가며 눌러 성형한다.

③ 23~24℃에서 30분간 발효하고 다시 한번 손가락으로 반죽을 눌러 토핑용 재료를 올린다. 30분간 더 발효한다.

토핑은 치즈, 토마토, 할라페뇨, 토마토 소스 어떤 것도 좋다. 여기서는 허브 마늘 오일을 틀과 반죽에 발라 튀기듯 굽고 가지, 토마토, 양파를 발사믹 소스에 버무려 두었다가 반죽 위에 바질 페스토를 바르고 올렸다.

토핑용 재료

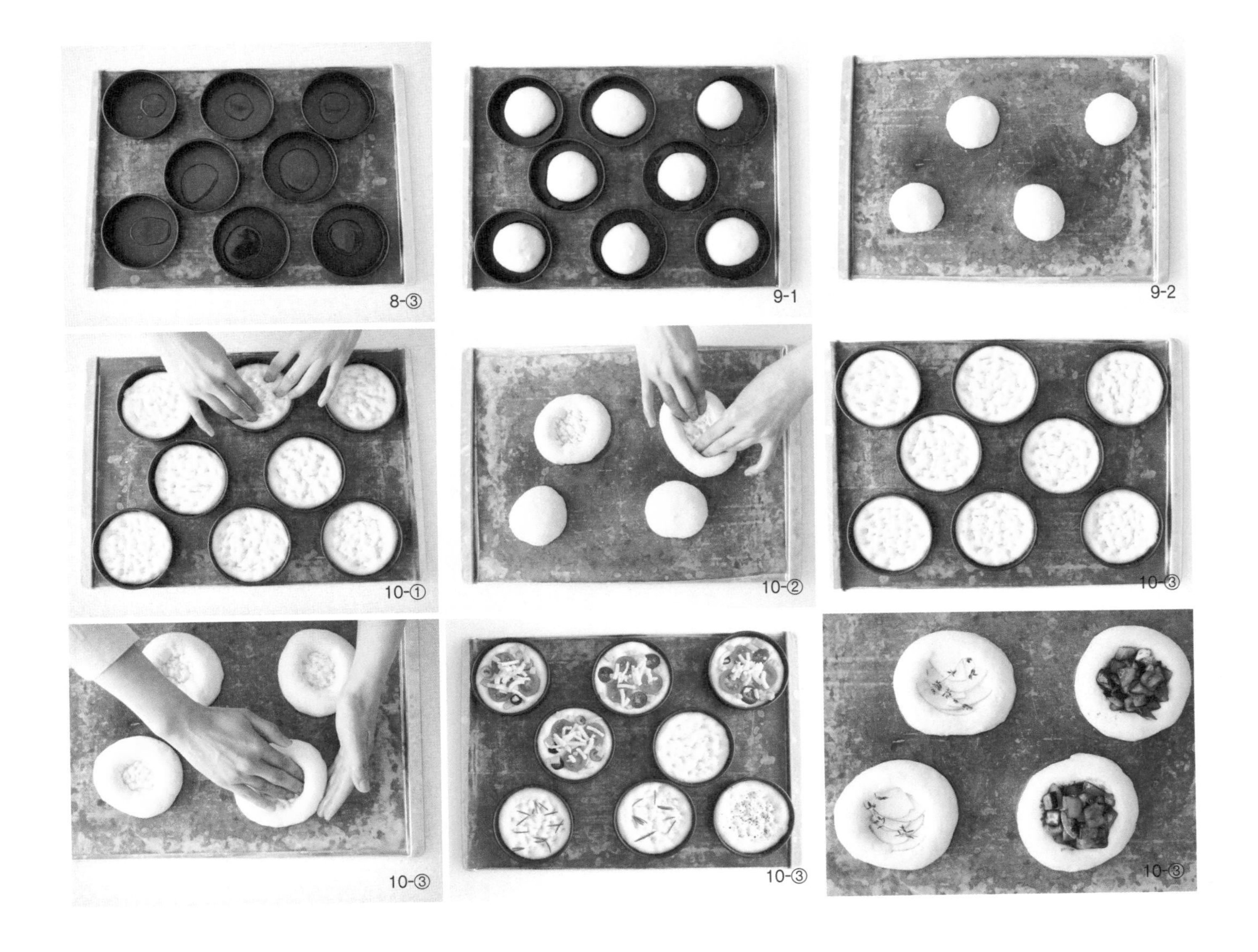

### 11. 굽기

**컨벡션 오븐**

260℃로 예열한 오븐에 반죽을 넣은 다음 스팀을 넣어 9~10분간 굽는다.

**데크 오븐**

아랫불 230℃, 윗불 260℃로 예열해 반죽을 넣고 스팀을 450g(4초) 넣어 13~15분간 굽는다. 굽고 나오면 바로 올리브 오일을 한 겹 바른다.

⊕ 굽는 온도는 각각의 오븐 사양에 따라 달라질 수 있다.

11-1

11-2

# 손 크루아상

반죽으로 버터를 감싸 접어 한 겹 한 겹 결을 살려 만드는 페이스트리는 예쁜 모습만큼 맛도 좋습니다. 구워지기 직전까지 버터는 반죽 속에 그대로 남아 있다가 오븐의 뜨거운 열기로 끓어 올라 크루아상만의 규칙적인 벌집 모양 내상을 만듭니다. 손으로 밀어 펴 일일이 결을 살린 크루아상을 만드는 일은 그리 녹록지 않습니다. 하지만 직접 만들어 오븐에서 갓 나온 따뜻하고 바삭한 크루아상을 맛보고 나면 그간의 고단함을 다 잊게 되지요. 이렇게 맛있고 매력 있는 빵을 그냥 지나치지 마세요.

**전체 과정(스트레이트 법)**

**믹싱**
1단 5분, 2단 7~8분
반죽 목표 온도 26℃
↙
**분할**
445g
↙
**1차 발효**
23~24℃ 15분
↙
**밀어 펴기**
3절×4절
↙
**재단, 성형**
크루아상 재단, 성형
↙
**2차 발효**
27~28℃, 습도 70~80%
2시간 20~30분
↙
**굽기**
컨벡션 오븐 190~200℃ 15~16분

**재료(20개 분량)**

**본 반죽**
밀가루(마루비시 강력분 K-블레소레이유) 1,000g(100%)
물 490g(49%)
달걀 50g(5%)
설탕 120g(12%)
소금 22g(2.2%)
버터 90g(9%)
이스트(사프 세미 드라이 이스트 골드) 24g(2.4%)

**충전용**
버터(이즈니 페이스트리용) 120g×4개

**달걀물**
전란 1개
노른자 1개
우유 15g

이 레시피는 손으로 최대한 힘들이지 않고 만들 수 있게 하는 것에 초점을 맞추었다. 반죽이 부드럽도록 반죽에 들어가는 버터의 양을 줄였고 1차 발효를 짧게 해 반죽에 탄력이 덜 하도록 했다. 대신 강력분을 전량 사용해 1차 발효 부족으로 나올 수 있는 낮은 볼륨을 보완했다.

**만드는 방법**

### 1. 믹싱

전 재료를 모두 넣고 1단에서 5분, 2단에서 7~8분간 반죽이 매끈하도록 믹싱한다.

⊕ 전 재료는 모두 냉장했다가 믹싱한다.

### 2. 1차 발효

① 445g으로 분할하여 둥글리기(43쪽) 하고 23~24℃에서 15분간 발효한다.

② 반죽 목표 온도는 26℃이다.

### 3. 냉각

밀대를 사용하여 반죽을 가로 16㎝, 세로 32㎝로 두께는 일정하게 만들어 냉장 온도 1℃에서 1시간 이상 냉각한다.

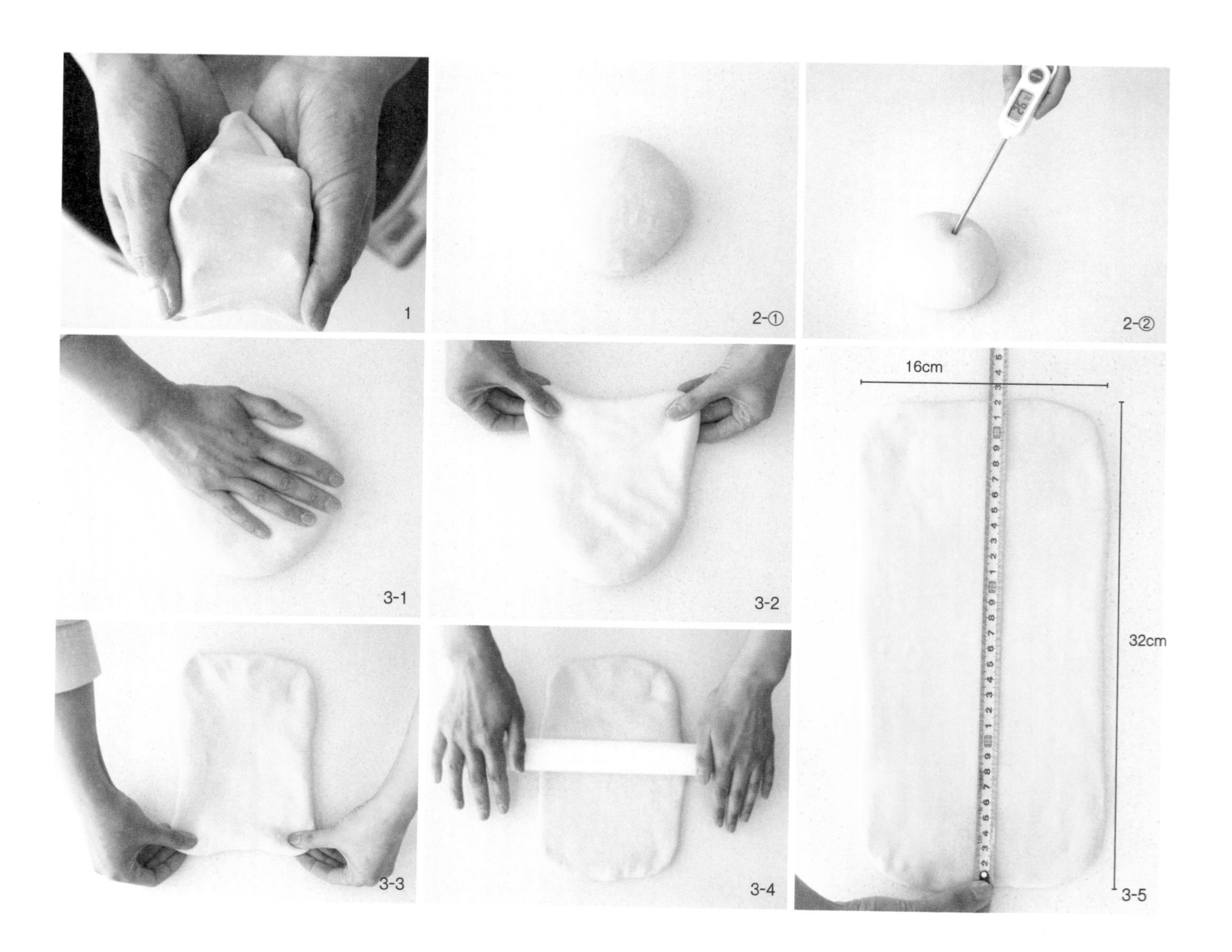

**4. 충전용 버터 모양 잡기**

① 페이스트리용 버터는 미리 실온에 꺼내 밀어 펴기 좋은 상태로 만든다.
② 비닐 위에 버터를 올리고 밀대로 가볍게 두드려 편다.
③ 비닐로 버터를 감싸고 가로세로 16㎝가 되도록 접는다.
④ 밀대를 비닐의 중앙에 놓고 모서리를 향해 밀어 버터를 채운다.
⑤ 4개의 꼭짓점을 모두 같은 방법으로 버터를 채운다.
⑥ 버터의 두께가 전체적으로 일정하도록 다듬어 냉장고에 넣는다.

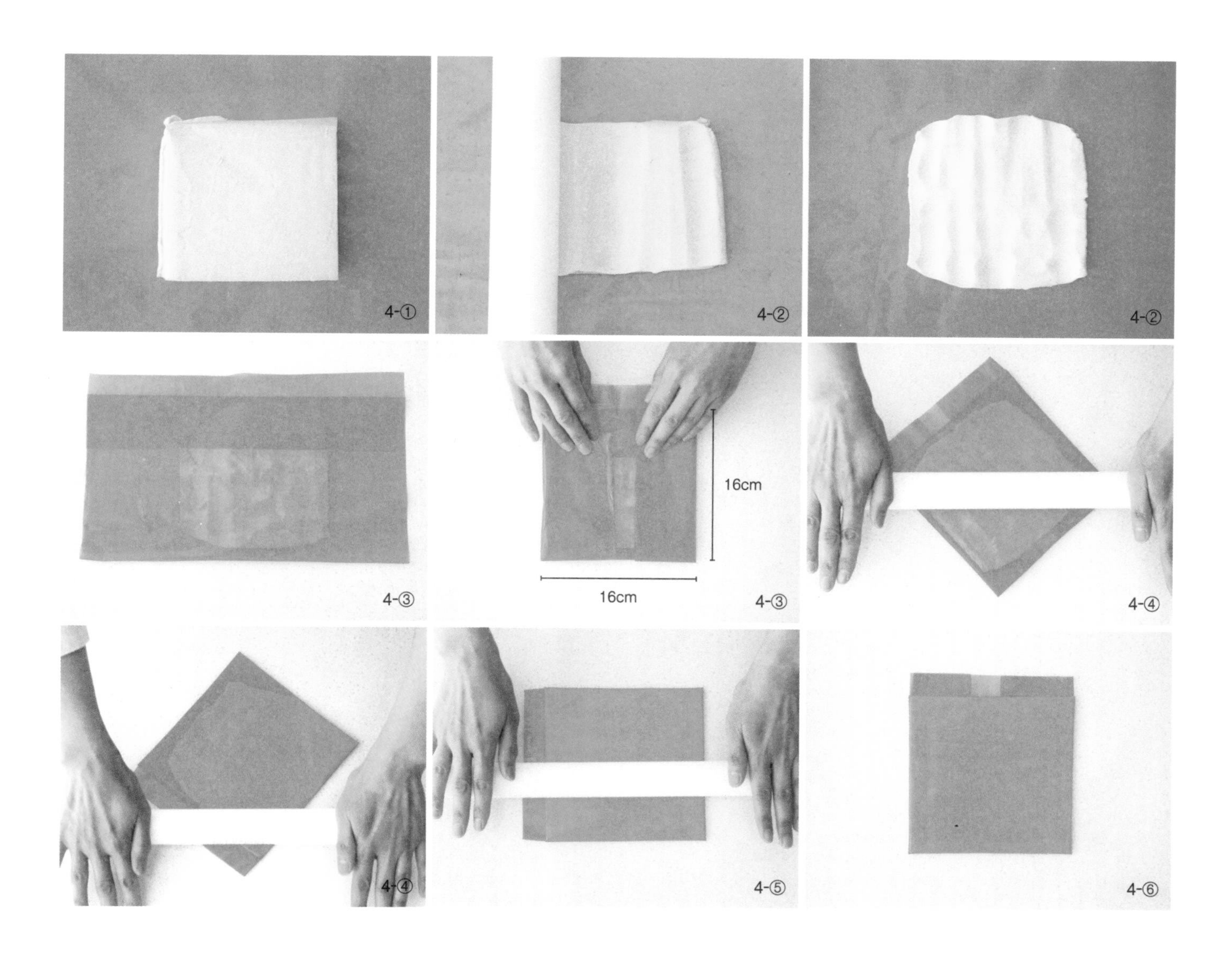

#### 5. 버터 감싸기

① 모양을 잡아 둔 버터를 냉장고에서 꺼내 작업하기 적당한 온도를 만든다. 버터가 너무 딱딱하면 반죽에 넣었을 때 깨지고 너무 부드러우면 밀어 펼 때 버터가 반죽 바깥으로 빠져나와 작업하기 어려워진다. 15~16℃가 감싸기 적당하다.

② 냉각된 반죽을 꺼내 버터를 올리고 위와 아래쪽 반죽을 끊어 버터 위에 올린다.

③ 반죽의 이음매를 꼼꼼히 꼬집어준다.

#### 6. 첫 번째 밀어 펴기

① 반죽에 덧가루를 가볍게 뿌리고 밀대로 반죽을 눌러 편다.

두꺼운 반죽은 미는 것보다 눌러 펴는 것이 쉽다.

② 눌러준 반죽을 중앙에서 몸쪽으로 밀어 편다.

③ 반죽을 180° 돌려 반대편도 밀어 편다.

④ 반죽을 뒤집어 같은 방법으로 밀어 편다.

⑤ 길이가 65㎝ 이상이 되도록 한다. 이렇게 하면 반죽의 모든 면을 밀어주게 된다.

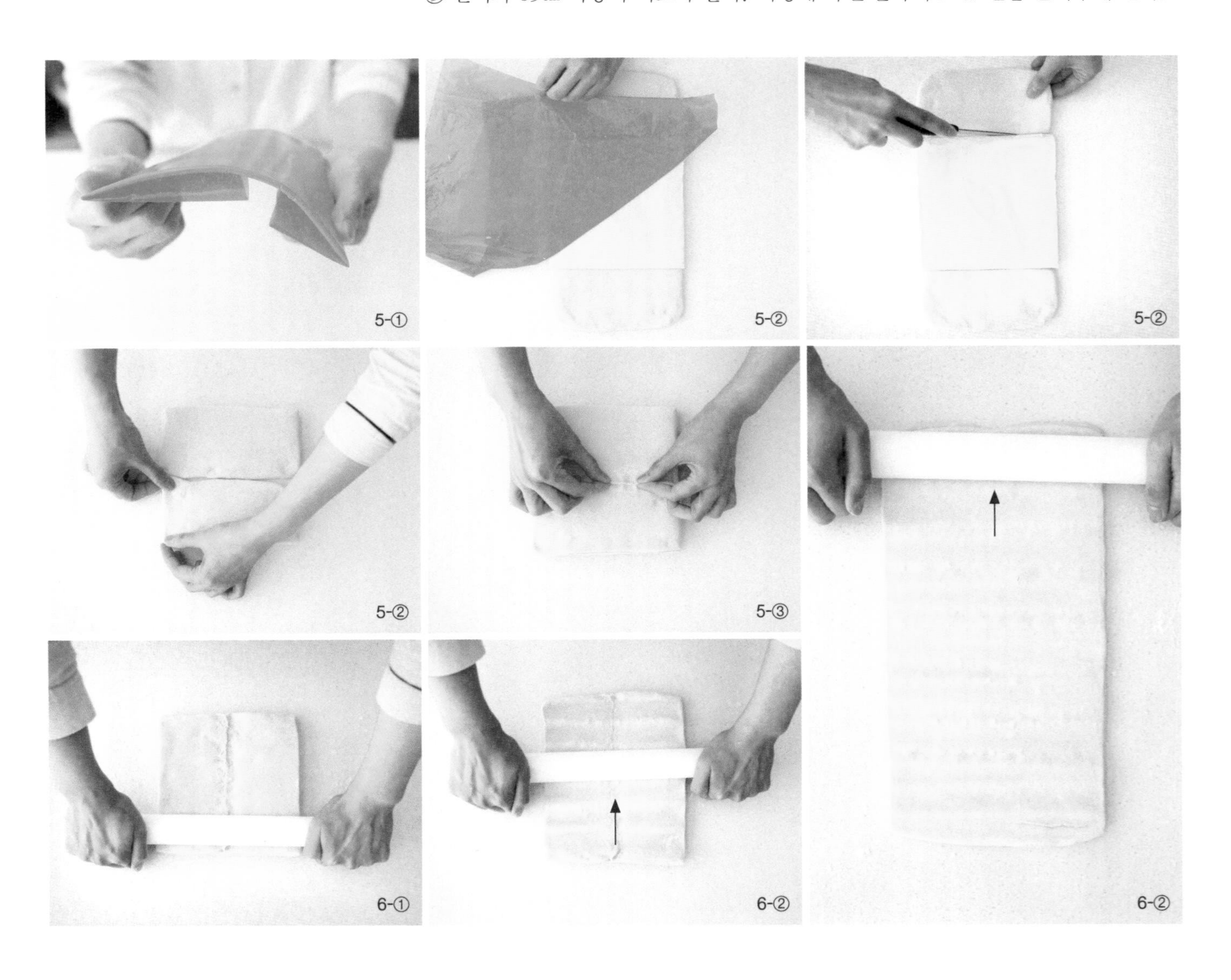

### 7. 접기

반듯하지 않은 반죽의 끝은 잘라낸다. 반죽의 3분의 1을 접는다. 반대쪽의 반죽도 접어 올린다. 반죽의 모든 면이 3겹이 되도록 한다.

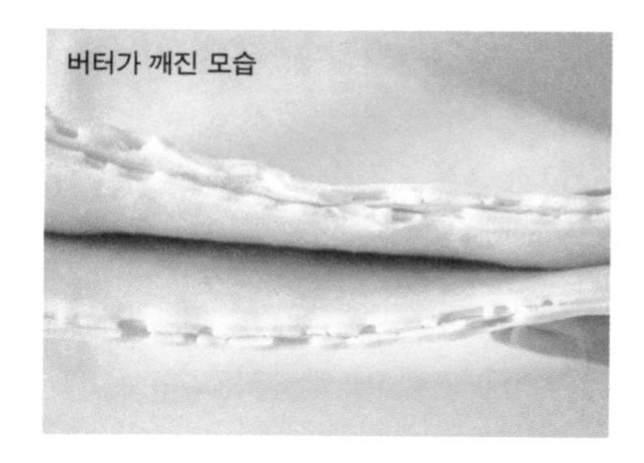


### 8. 냉각

3겹으로 접은 반죽은 마르지 않도록 비닐로 감싸 냉동실에 20분간 냉각한다.

⊕ 냉각이 너무 길어지면 밀어 펴기 할 때 버터가 깨질 수 있다.

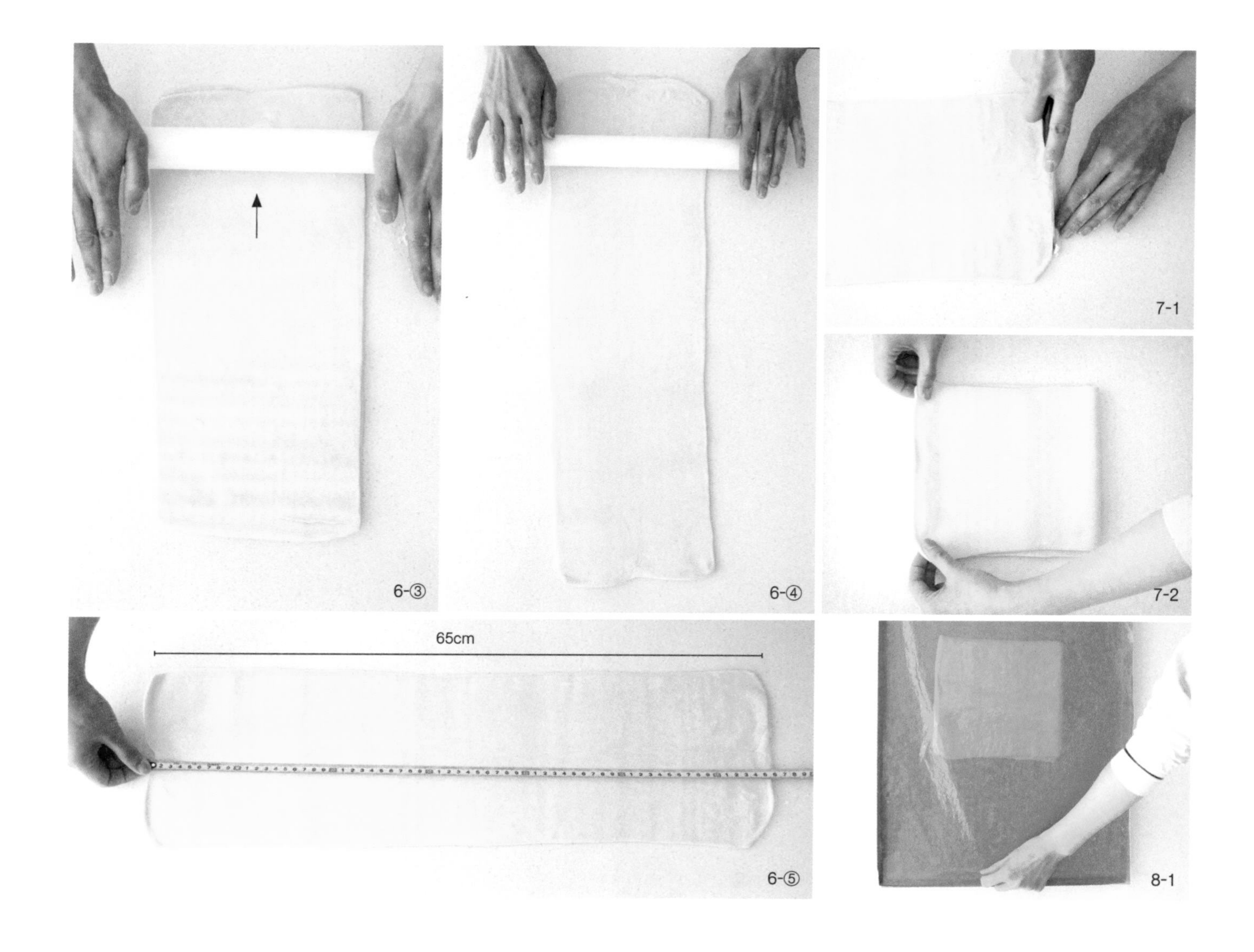

### 9. 두 번째 밀어 펴기

① 반죽의 접힌 부분을 칼로 끊는다.

반죽이 접힌 부분은 탄력이 세기 때문에 끊어 주어야 반듯하고 수월하게 밀어 펼 수 있다.

② 칼로 끊은 부분을 세로로 놓고 밀대로 반죽을 눌러 편다.

끊어진 부분이 세로방향이어야 밀기 수월하다.

③ 6과 같은 방법으로 밀어 길이가 65㎝ 이상이 되도록 편다.

### 10. 접기

① 반듯하지 않은 반죽 끝은 잘라내고 반죽의 8분의 1을 접는다.

② 반대쪽의 반죽을 가져와 맞붙인다.

③ 다시 반죽의 반을 접어 모든 부분이 4겹이 되도록 한다.

### 11. 냉각

4겹으로 접은 반죽이 마르지 않도록 비닐로 감싸 냉동실에 20분간 냉각한다.

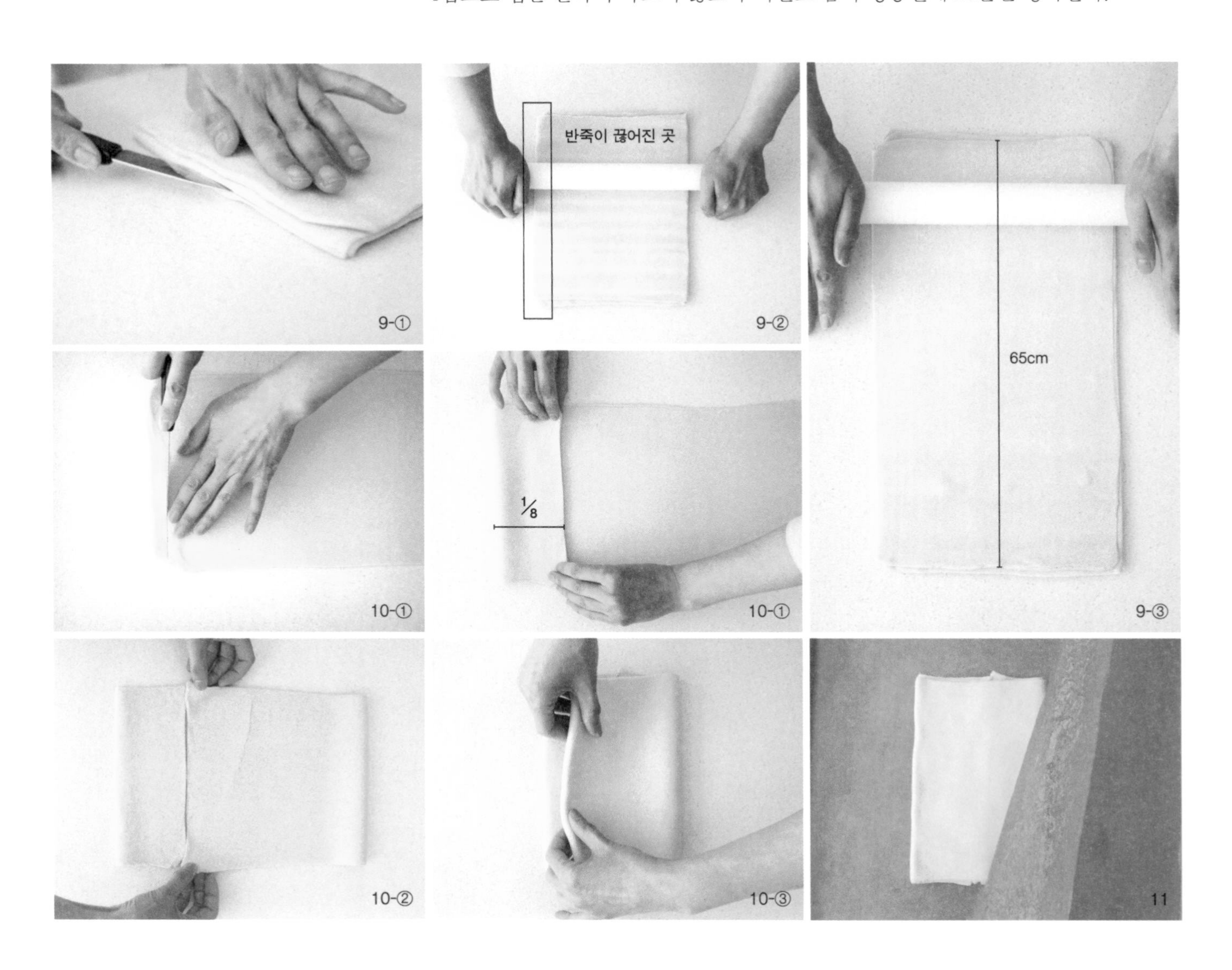

9-① 9-② 9-③ 10-① 10-① 10-② 10-③ 11

**12. 최종 밀기**

① 반죽의 접힌 부분을 칼로 끊는다. 끊은 부분을 세로로 놓고 밀대로 반죽을 눌러 편다.

◐ 냉각한 반죽은 단단하다. 밀 수 있을 정도로 반죽이 부드러워질 때까지 몸무게를 실어 눌러 편다.

② 반죽을 90° 돌려놓고 누른다.

③ 반죽을 대각선으로 놓고 중앙에서 모서리 쪽으로 밀어준다.

④ 모서리를 모두 같은 방법으로 민다.

⑤ 반죽을 반듯하게 놓고 화살표 방향으로 밀어준다. 반죽이 두껍거나 얇은 부분이 있지 않도록 두께가 일정하게 한다.

⑥ 이 과정을 반복하여 가로 28㎝, 세로 33㎝ 이상의 사각형으로 만든다.

◐ 반죽이 녹을 때는 즉시 멈추고 냉동실에 냉각한다. 한 번 녹아 흡수된 버터는 되돌릴 수 없으니 굽는 순간까지 녹거나 반죽 속으로 흡수되지 않도록 한다.

⑦ 마르지 않도록 비닐로 감싸 냉동실에 20분간 냉각한다.

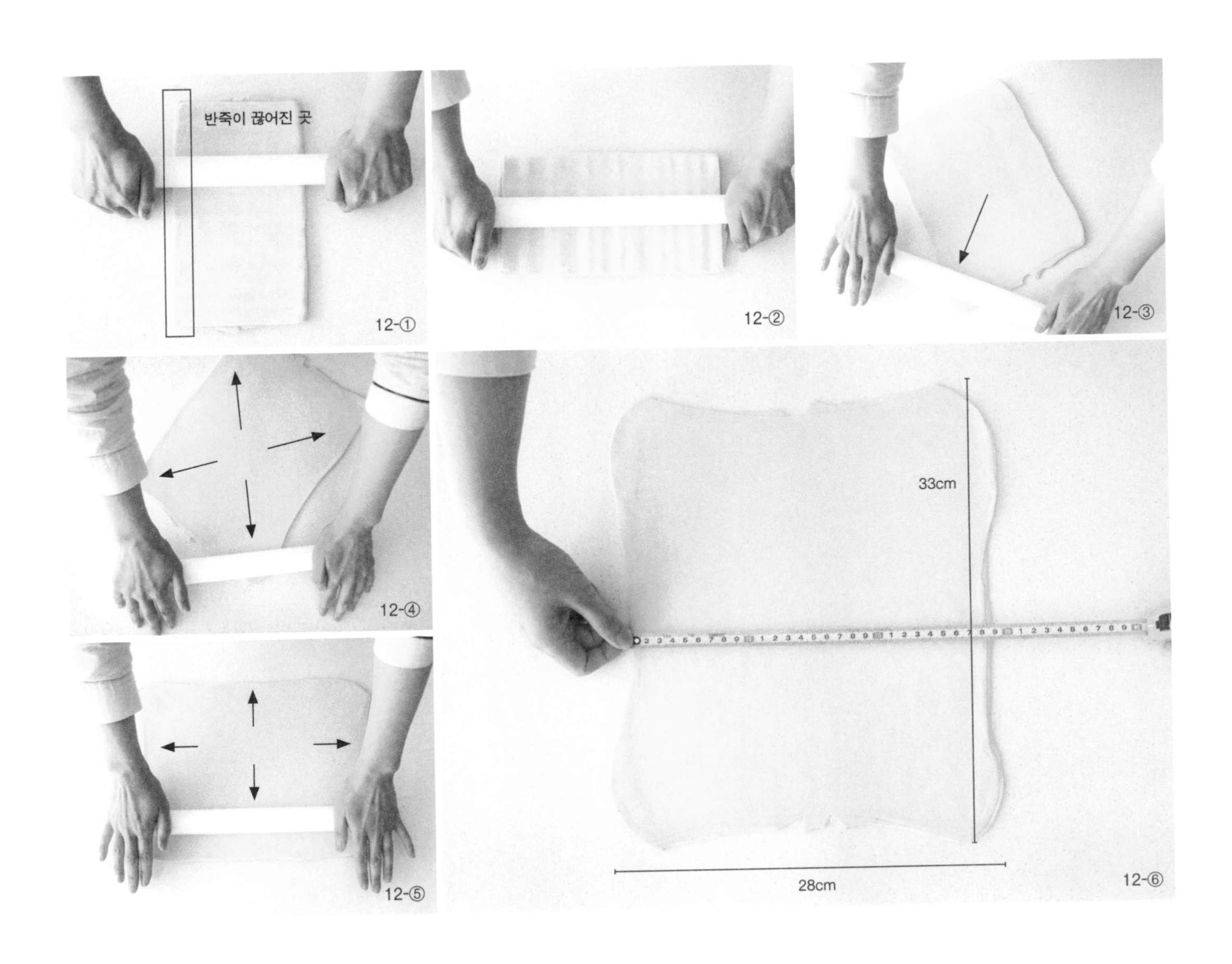

### 13. 재단하기

① 반죽의 아랫면과 윗면을 잘라낸다.

⊕ 실내온도가 높을 때는 나무판을 냉동실에 넣어 두었다 사용하면 작업하기 수월하다.

② 가로 8.5㎝, 세로 30㎝ 이상이 되도록 5~6개로 재단한다. 이때 반죽은 이등변삼각형이 되어야 한다. 중심이 맞지 않으면 발효 중 기울어 쓰러질 수 있다.

⊕ 사진처럼 수직을 맞추어 윗면에 표시해두면 이등변삼각형을 만들기가 수월하다.

### 14. 냉각

만일 재단 후 반죽이 부드러워졌다고 판단되면 재단한 반죽을 냉동실에 20분간 냉각한다.

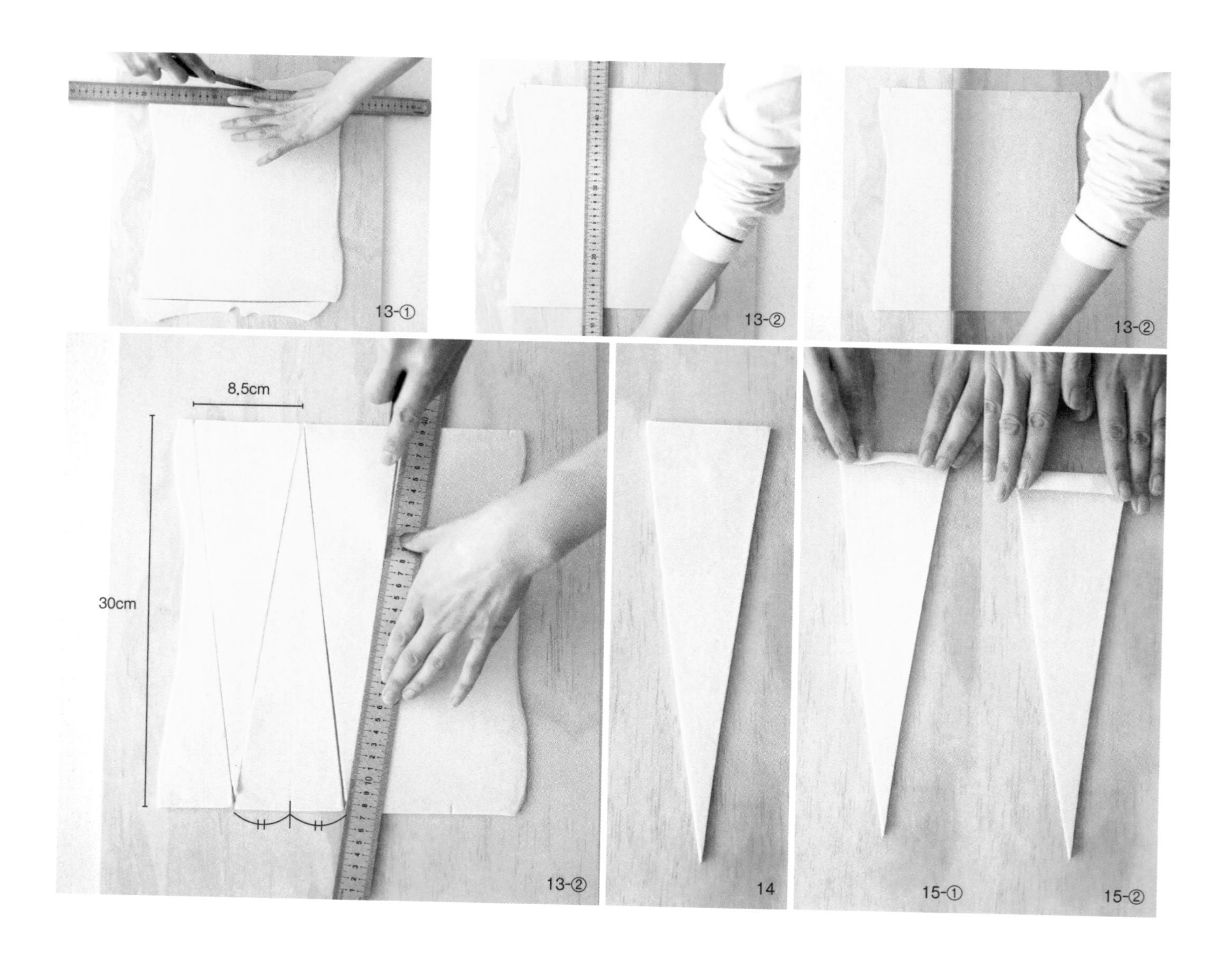

### 15. 성형하기

① 결이 망가지지 않도록 반죽의 아랫면을 한 바퀴 말면서 양옆으로 살짝 늘린다.

② 손으로 반죽을 가볍게 눌러 공기층이 생기지 않도록 말아 올린다.

③ 반죽 끝을 15㎝ 정도 남기고 손으로 살살 늘려 준다.

⊕ 이때 너무 세게 당겨 반죽이 망가지지 않도록 조심한다.

④ 반죽의 맨 끝은 손끝으로 살짝 눌러 반죽이 바닥에 잘 앉을 수 있도록 마무리한다.

### 16. 패닝

테플론 시트를 깐 팬 위에 간격을 충분히 띄워 패닝 한다.

### 17. 2차 발효

27~28℃, 습도 70~80%에서 2시간 20~30분간 발효한다. 반죽 속에 기포가 가득 차고 판을 흔들었을 때 출렁출렁하도록 충분히 발효한다.

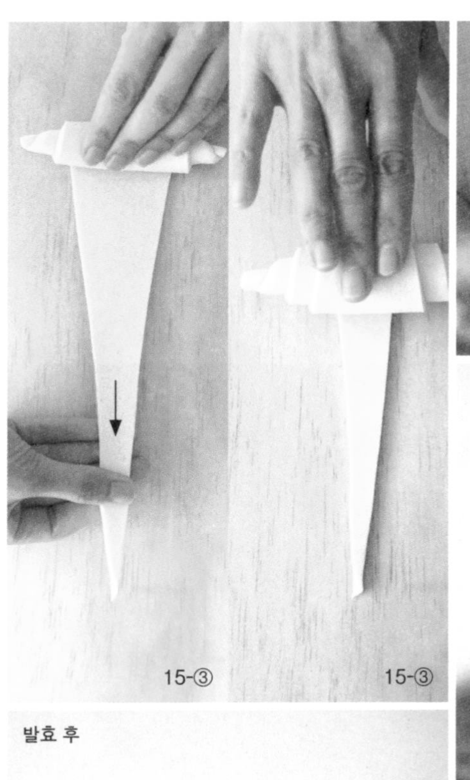

15-③ 15-③

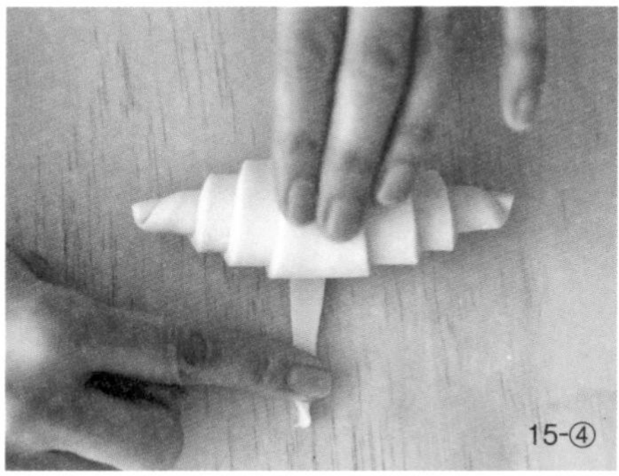

15-④

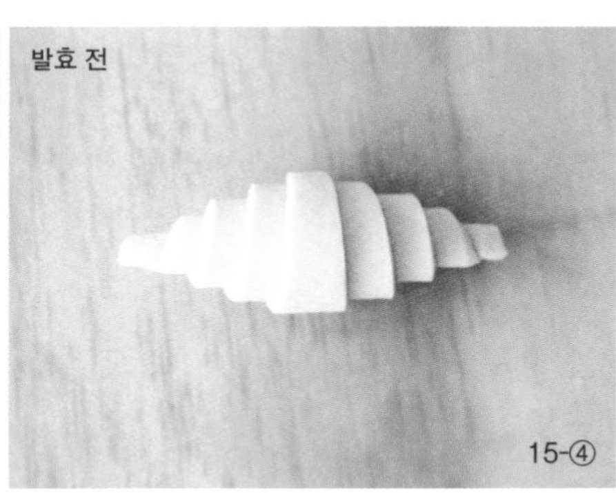

발효 전

15-④

발효 후

17-1

17-2

### 18. 달걀물 바르기

결이 망가지지 않도록 달걀물을 바른다.

### 19. 굽기

**컨벡션 오븐**

190~200℃로 예열한 오븐에서 15~16분간 굽는다.

⊕ 굽는 온도는 각각의 오븐 사양에 따라 달라질 수 있다.

**데크 오븐**

아랫불 185℃, 윗불 215℃에서 18분간 굽는다.

⊕ 굽는 온도는 각각의 오븐 사양에 따라 달라질 수 있다.

## 2차 발효 시간 차이에 따른 결과물 비교

다음은 모든 공정을 같게 하되 2차 발효만 달리한 것입니다. 순서대로 2차 발효의 시간에 따른 변화입니다.

- A: 2차 발효가 부족해 가운데 부분이 부풀지 못하고 뭉친 모습입니다.
  이런 반죽은 오븐에 구워지면서 버터가 결 사이로 흘러내리고 심하면 팬에 흥건히 고이기도 합니다. 맛도 식감도 좋지 않아요.
- B: 발효 상태가 적당한 모습입니다.
- C: 2차 발효가 과도한 사진으로 A나 B에 비해 높이가 낮고 옆으로 퍼졌으며 결도 선명하지 않습니다. 이렇게 2차 발효가 과도한 빵은 시간이 지날수록 푸석해지고 풍미도 덜 합니다.

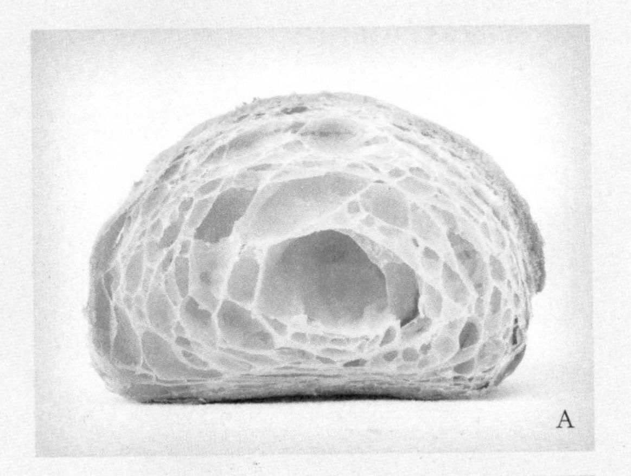
A

B

C

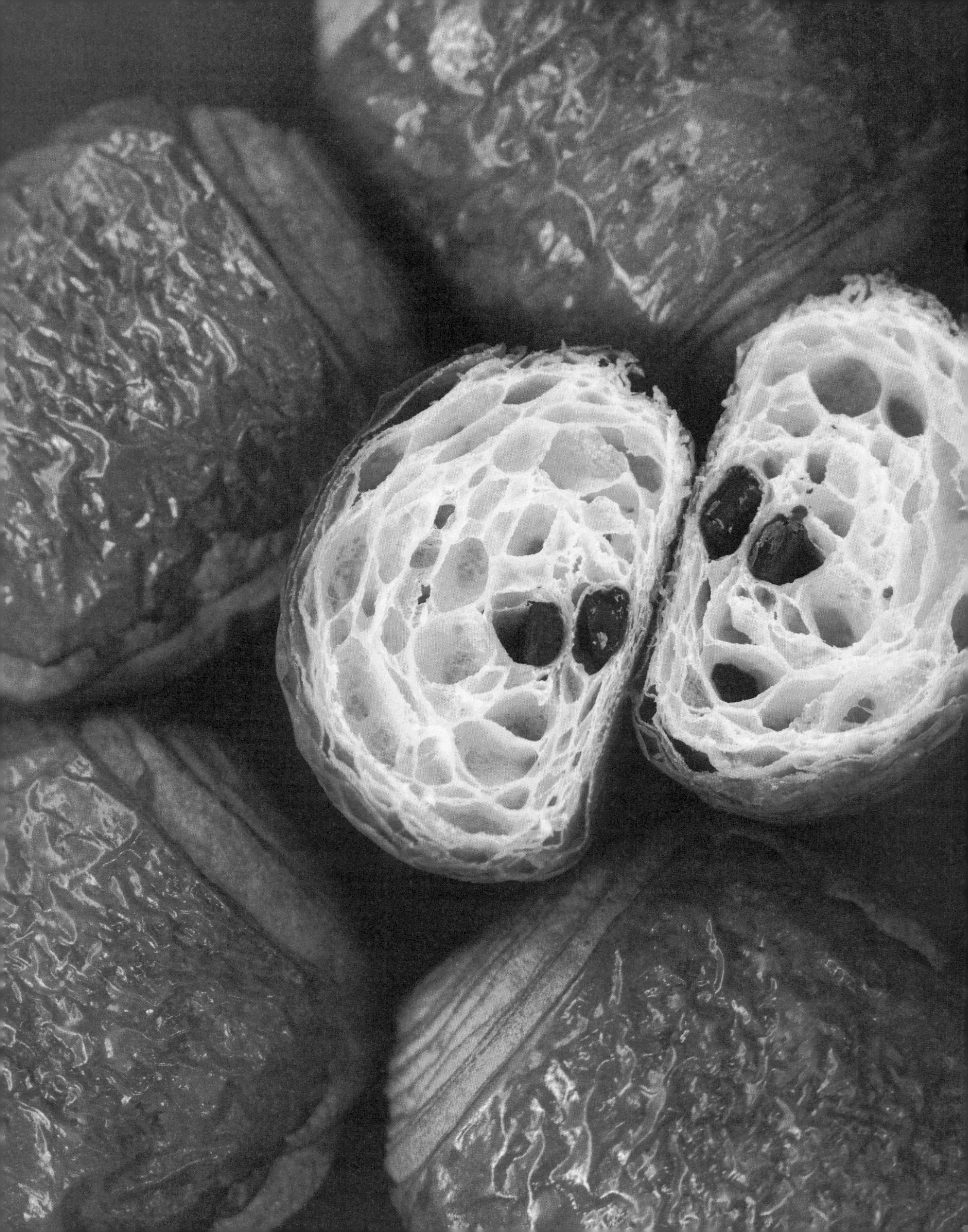

# 빵 오 쇼콜라

빵 오 쇼콜라는 크루아상과 같은 반죽에 초콜릿 스틱 두 개만 끼워 넣었을 뿐인데 모양도 맛도 완전히 다른 빵이 됩니다. 초콜릿을 넣고 말아 놓은 반죽은 돼지코처럼 보여 귀엽기도 하지요. 아이도 어른도 모두가 반기는 달콤한 빵 오 쇼콜라를 만들어 볼까요?

**전체 과정(스트레이트법)**

**믹싱**
1단 5분, 2단 7~8분
반죽 목표 온도 26℃
↙
**분할**
445g
↙
**1차 발효**
23~24℃ 15분
↙
**밀어 펴기**
3절×4절
↙
**재단, 성형**
빵 오 쇼콜라 재단, 성형
↙
**2차 발효**
27~28℃, 습도 70~80%
2시간 5~10분
↙
**굽기**
컨벡션 오븐 190~200℃ 15~16분

**재료(24개 분량)**

**본 반죽**
밀가루(마루비시 강력분 K-블레소레이유) 1,000g(100%)
물 490g(49%)
달걀 50g(5%)
설탕 120g(12%)
소금 22g(2.2%)
버터 90g(9%)
이스트(사프 세미 드라이 이스트 골드) 24g(2.4%)

**충전용**
버터(이즈니 페이스트리용) 120g×4개
발로나 초콜릿 스틱 48개

**달걀물**
전란 1개
노른자 1개
우유 15g

만드는 방법

### 1. 믹싱, 발효, 밀어펴기

112~116쪽의 1~11번 과정을 반복해 반죽을 완성한다.

### 2. 최종 밀기

① 반죽의 접힌 부분을 칼로 끊는다. 끊은 부분을 세로로 놓고 밀대로 반죽을 눌러 편다.

○ 냉각한 반죽은 단단하다. 밀 수 있을 정도로 반죽이 부드러워질 때까지 몸무게를 실어 눌러 편다.

② 반죽을 90° 돌려놓고 누른다.

③ 반죽을 대각선으로 놓고 중앙에서 모서리 쪽으로 밀어준다.

④ 모서리를 모두 같은 방법으로 밀어준다.

⑤ 반죽을 반듯하게 놓고 변 쪽으로 밀어준다. 4면을 모두 같은 방법으로 밀어준다. 반죽이 두껍거나 얇은 부분이 있지 않도록 일정하게 밀어준다.

⑥ 이 과정을 반복하여 가로 24㎝, 세로 37㎝ 이상의 사각형으로 만든다. 마르지 않도록 비닐로 감싸 냉동실에서 20분간 냉각한다.

○ 반죽이 녹을 때는 즉시 멈추고 냉동실에서 냉각한다. 한 번 녹아 흡수된 버터는 되돌릴 수 없으니 굽는 순간까지 녹거나 반죽 속으로 흡수되지 않도록 한다.

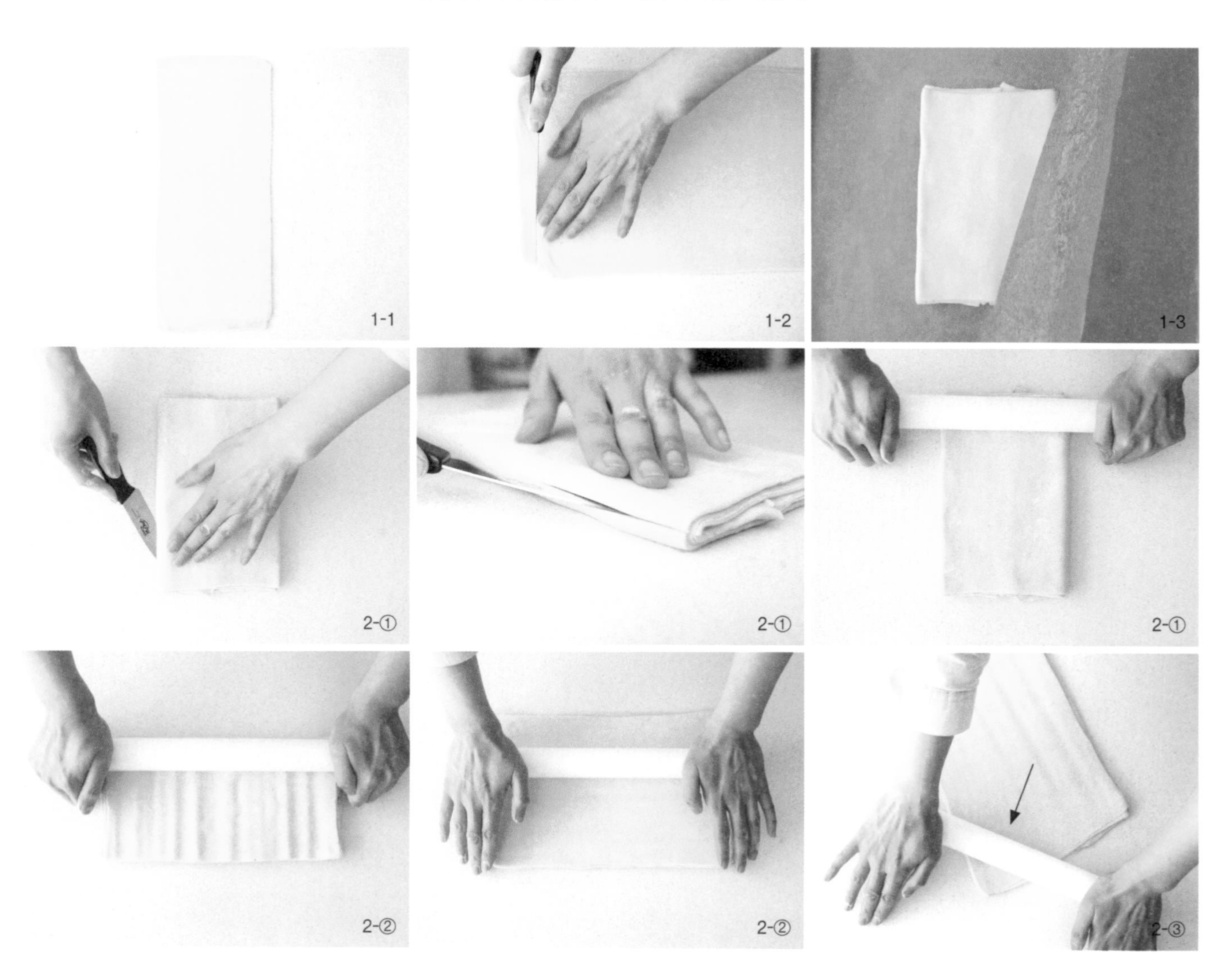

### 3. 재단, 냉각

반죽의 아랫면과 윗면을 잘라낸다. 가로 7㎝, 세로 17㎝ 이상이 되도록 6개로 재단한다. 만일 재단 후 반죽이 부드러워졌다고 판단되면 재단한 반죽을 냉동실에서 20분간 냉각하여 사용한다.

⊕ 가로는 7㎝로 맞추고 세로는 반죽을 최대한 살려 쓴다.

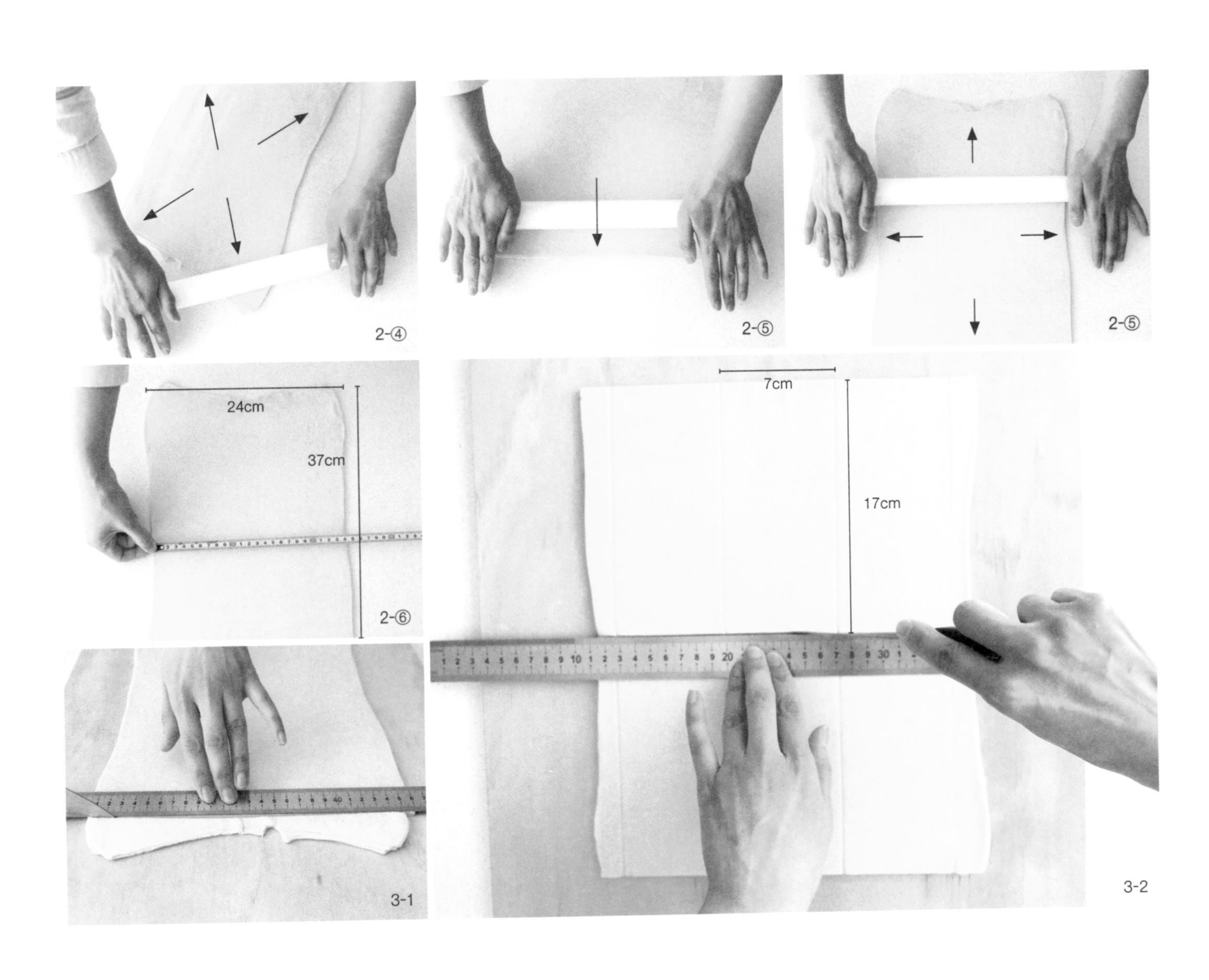

#### 4. 성형하기

① 초콜릿 스틱을 반죽 끝에서 1.5㎝ 안쪽에 올린다.

② 반죽을 초콜릿 위에 덮는다.

③ 다시 초콜릿 스틱을 반죽 위에 올린다.

④ 손으로 반죽을 가볍게 눌러 공기층이 생기지 않도록 가볍게 말아 내린다. 이때 결이 망가지지 않도록 조심한다.

#### 5. 패닝

팬 위에 테플론 시트를 깔고 반죽 끝이 바닥으로 가도록 패닝 한다. 발효하고 굽는 동안 반죽이 많이 부풀어 오르니 간격을 충분히 띄운다.

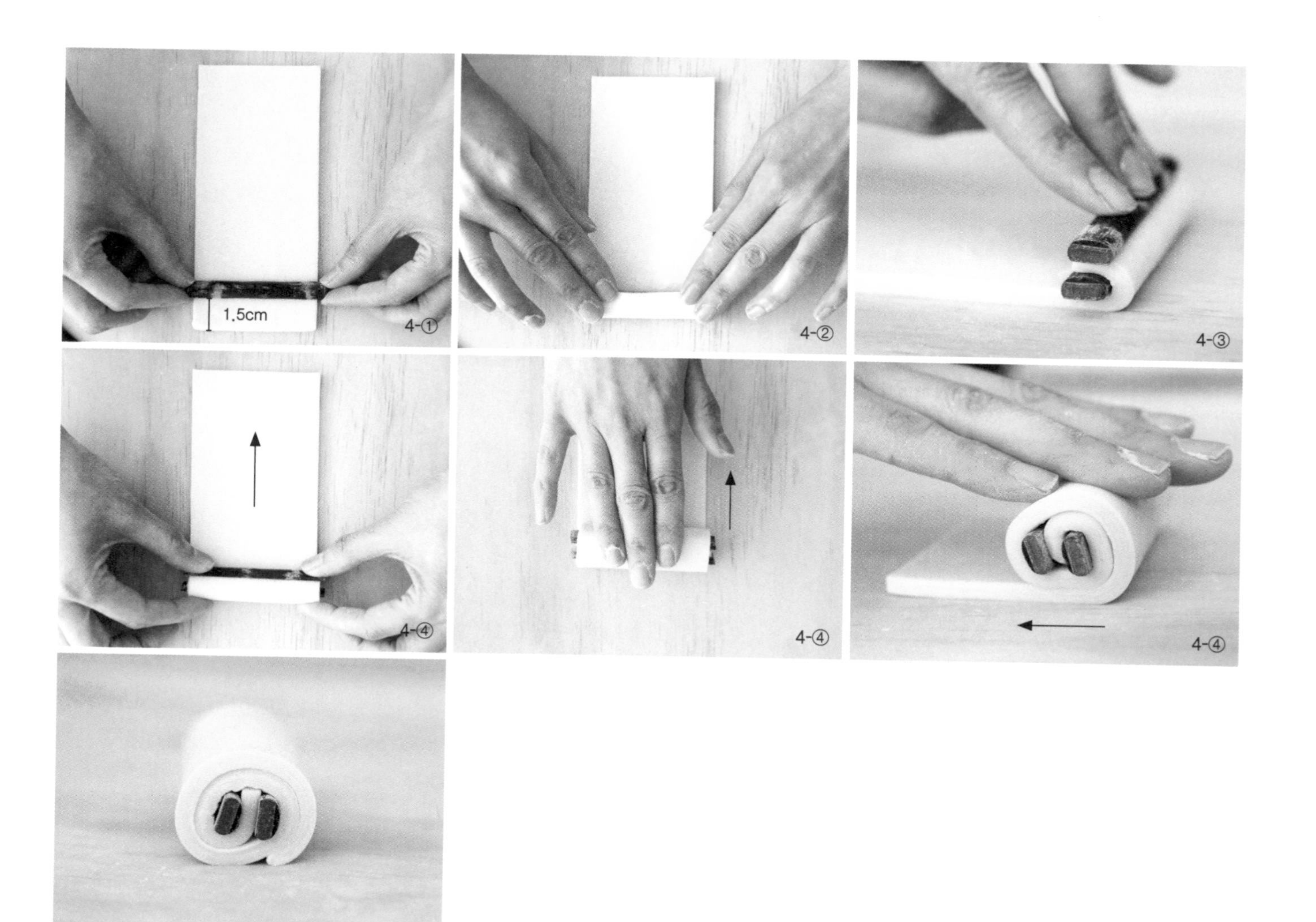

**6. 2차 발효**

27~28℃, 습도 70~80%에서 2시간 5분~2시간 10분간 발효한다

⊕ 크루아상보다 감긴 횟수가 적어 2차 발효가 짧다.

**7. 달걀물 바르기**

결이 망가지지 않도록 달걀물을 바른다.

**8. 굽기**

컨벡션 오븐

190~200℃로 예열한 오븐에 15~16분간 굽는다.

데크 오븐

아랫불 185℃, 윗불 215℃로 18분간 굽는다.

⊕ 오븐 온도는 각각의 오븐 사양에 따라 달라질 수 있다.

# 바닐라 퀸아망

버터와 설탕이 어우러져 진하게 캐러멜화된 퀸아망은 바삭한 식감 때문에 과자라고 생각할 수 있지만 발효 반죽을 사용하는 엄연한 빵입니다. 발효된 반죽에 다량의 버터와 설탕을 감싸는 방법이 어렵게 느껴질 수 있지만, 막상 만들어 보면 퀸아망 만큼 실패하기 어려운 페이스트리도 없습니다. Stressed를 거꾸로 하면 Desserts가 된다고 하지요. 만들어 냉동실에 넣어 두고 하나씩 꺼내 커피와 함께 오독오독 씹으며 쌓인 스트레스를 해소해 보세요!

**전체 과정(스트레이트법)**

**믹싱**
1단 5분, 2단 4~5분
반죽 목표 온도 26℃
↙
**분할**
510g
↙
**1차 발효**
27~28℃, 습도 70~80% 45분 발효 후
둥글리기하고 45분 발효
↙
**밀어 펴기**
3절×3절
↙
**재단, 성형**
퀸아망 재단, 성형
↙
**2차 발효**
27~28℃, 습도 70~80% 30~40분
↙
**굽기**
컨벡션 오븐 170℃ 33~35분

**재료(18개 분량)**

**본 반죽**
밀가루(미노트리발티 T55 푸스 꼼트롤리) 900g(100%)
물 504g(56%)
분유 36g(4%)
소금 22g(2.4%)
이스트(사프 세미 드라이 이스트 골드) 9g(1%)
버터 90g(10%)

**충전용**
버터 220g×3개
설탕 200g×3개
바닐라 빈 1개

**도구**
지름 10㎝×높이 2.5㎝ 원형 틀

**만드는 방법**

### 1. 믹싱

① 모든 재료를 한꺼번에 넣고 1단에서 5분, 2단에서 4~5분간 믹싱한다.

### 2. 1차 발효

① 510g으로 분할하여 둥글리기 한다(43쪽). 반죽 목표 온도는 26℃이다.

② 45분간 발효하고 다시 둥글리기 하여 45분간 더 발효한다. 27~28℃, 습도 70~80%가 적당하다.

⊕ 퀸아망은 들어가는 설탕량이 많아 2차 발효가 수월하지 않다. 그러므로 1차 발효를 충분히 하는 것이 좋다.

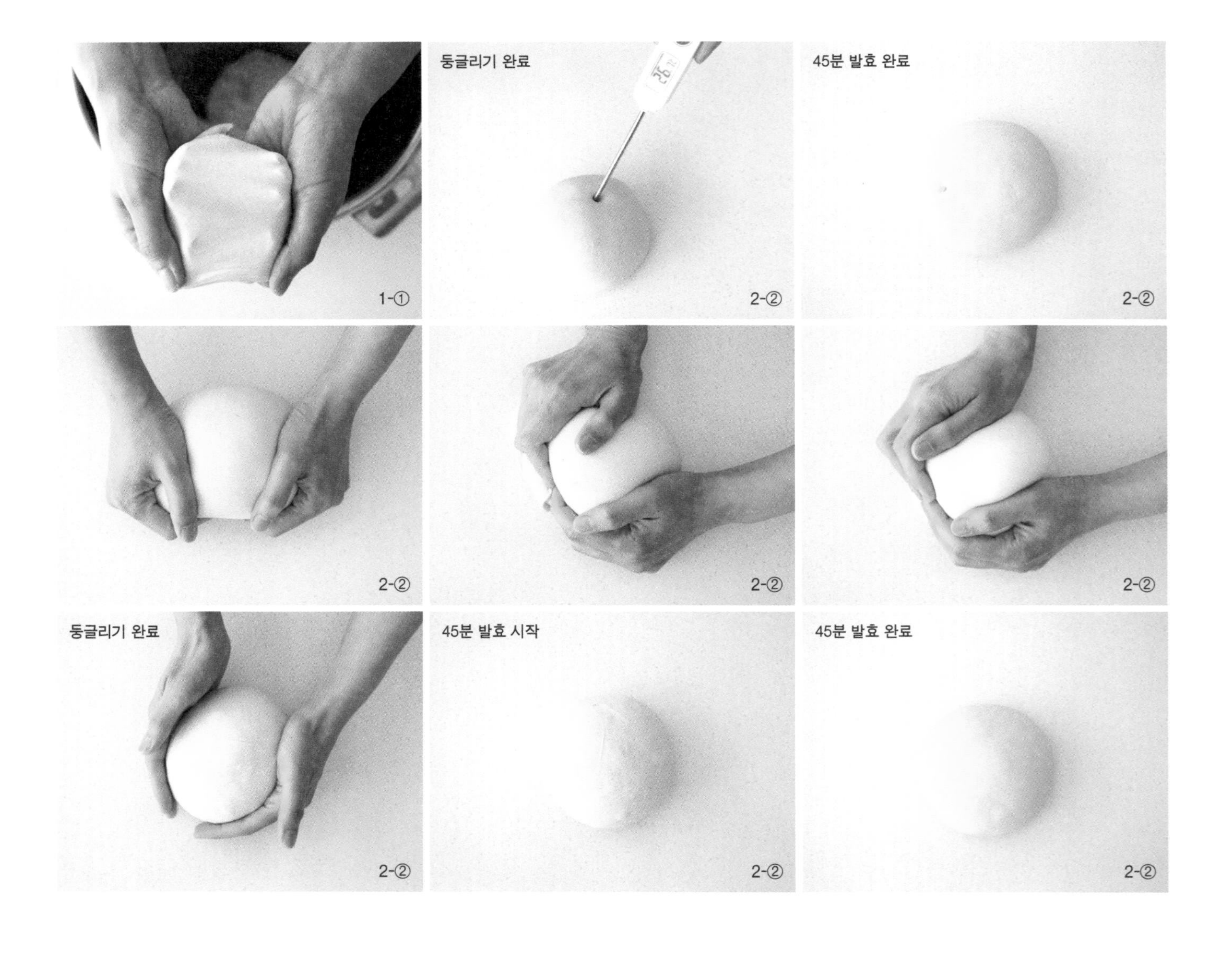

### 3. 냉각

가스를 빼고 밀대를 사용하여 반죽을 가로 16㎝, 세로 32㎝로 모양을 잡아 냉장고에서 1℃ 온도로 1시간 이상 냉각한다.

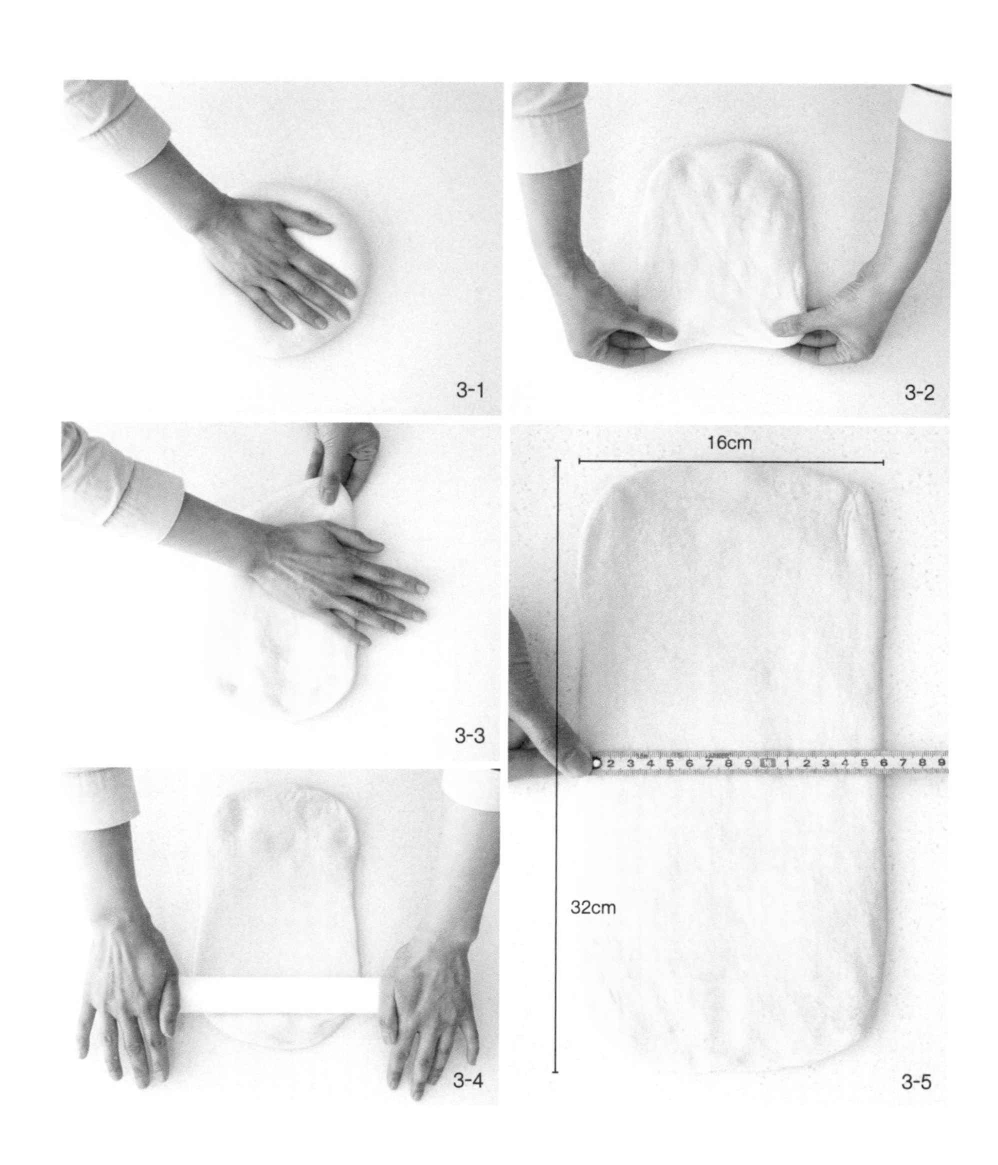

#### 4. 충전용 버터 모양 잡기

① 페이스트리용 버터는 미리 실온에 꺼내 밀어 펴기 좋은 상태로 만든다.

② 비닐 위에 버터를 올리고 밀대로 가볍게 두드려 편다.

③ 버터를 비닐로 감싸고 가로, 세로 21㎝가 되도록 접는다.

④ 밀대를 비닐의 중앙에 놓고 모서리를 향해 밀어 비닐에 버터를 채운다.

⑤ 비닐의 나머지 꼭짓점에 모두 같은 방법으로 버터를 채운다. 버터의 두께가 전체적으로 일정하도록 다듬어 준다.

⑥ 냉장고에 넣어 둔다.

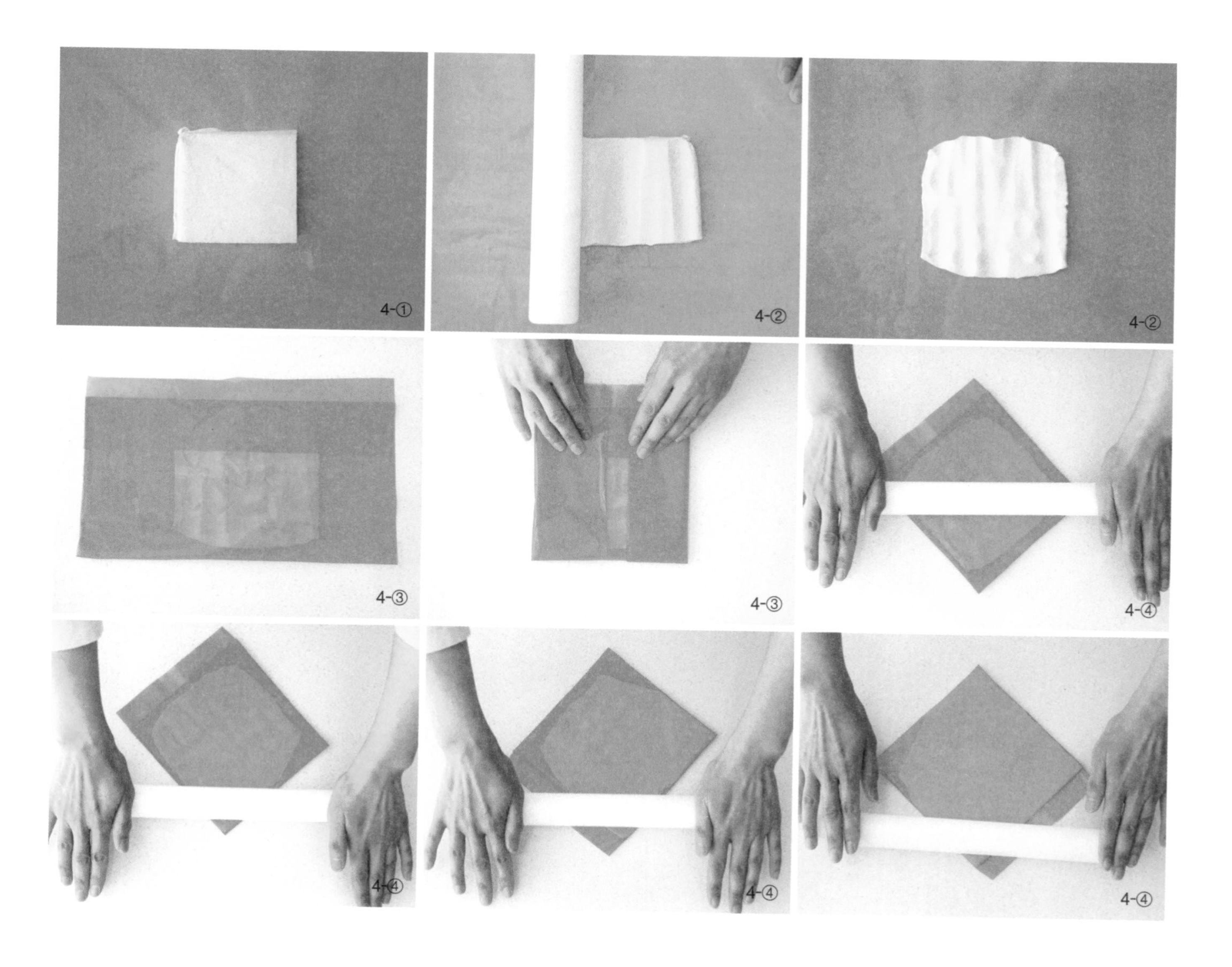

**5. 바닐라 설탕 만들기**

① 바닐라 빈을 갈라 칼끝으로 씨를 긁어낸다.

② 설탕에 긁어낸 씨를 넣고 손으로 잘 비벼 섞는다.

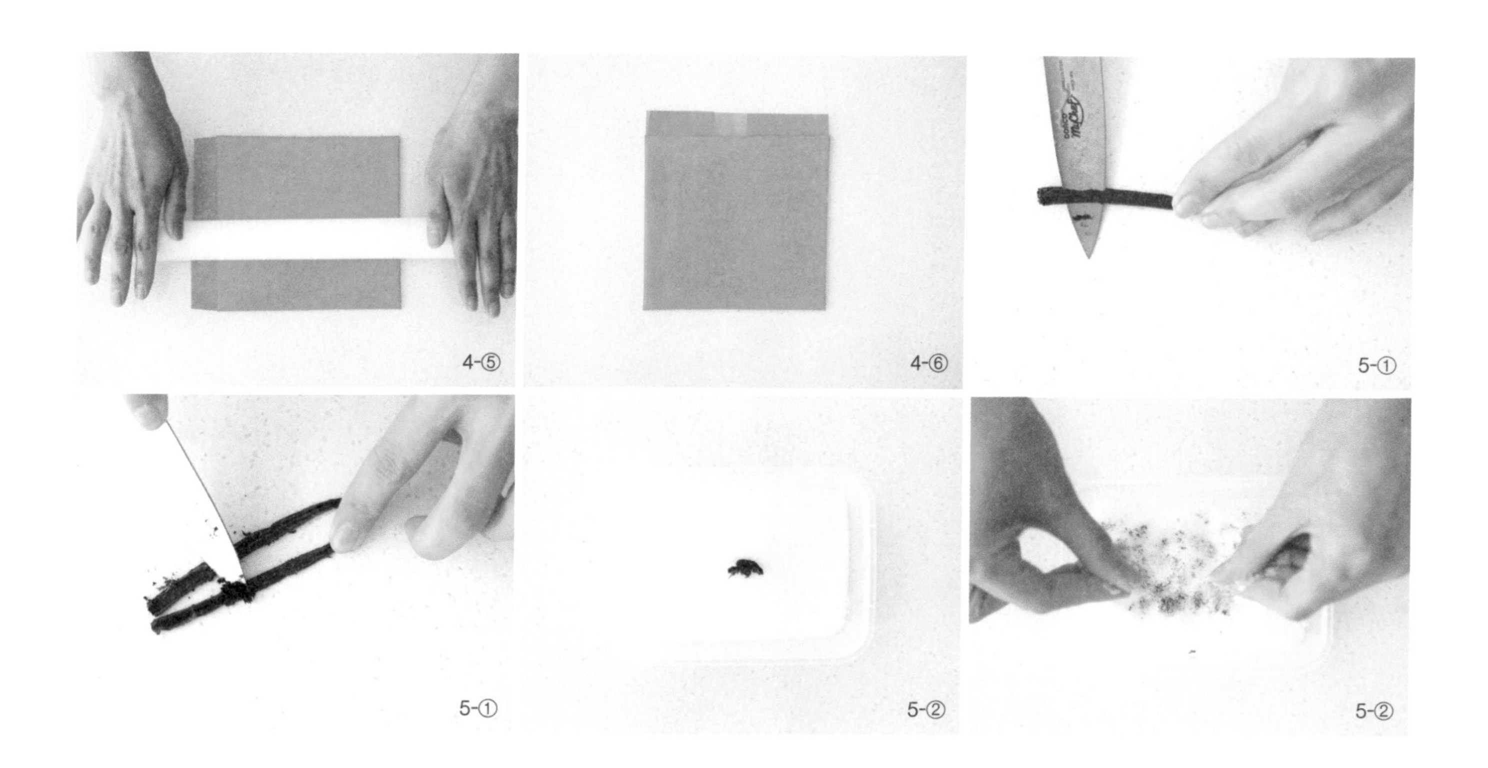

4-⑤ 4-⑥ 5-①
5-① 5-② 5-②

### 6. 버터 감싸기

① 모양을 잡아 둔 버터를 냉장고에서 꺼내 둔다.

⊕ 퀸아망은 버터 속에 설탕이 있어 깨지기 쉽다. 크루아상에 들어가는 버터보다 조금 더 부드러운 상태에서 쓰는 것이 좋다. 페이스트리용 이즈니 버터는 17℃ 정도가 감싸기 적당하다.

② 버터 위에 분량의 바닐라 설탕을 올리고 설탕이 빠져나가지 못하도록 버터의 이음매를 손끝으로 뭉개어 붙인다.

③ 냉각된 반죽을 꺼내어 그 위에 설탕을 감싸고 있는 버터를 올리고 가장자리 반죽을 꼼꼼하게 붙인다.

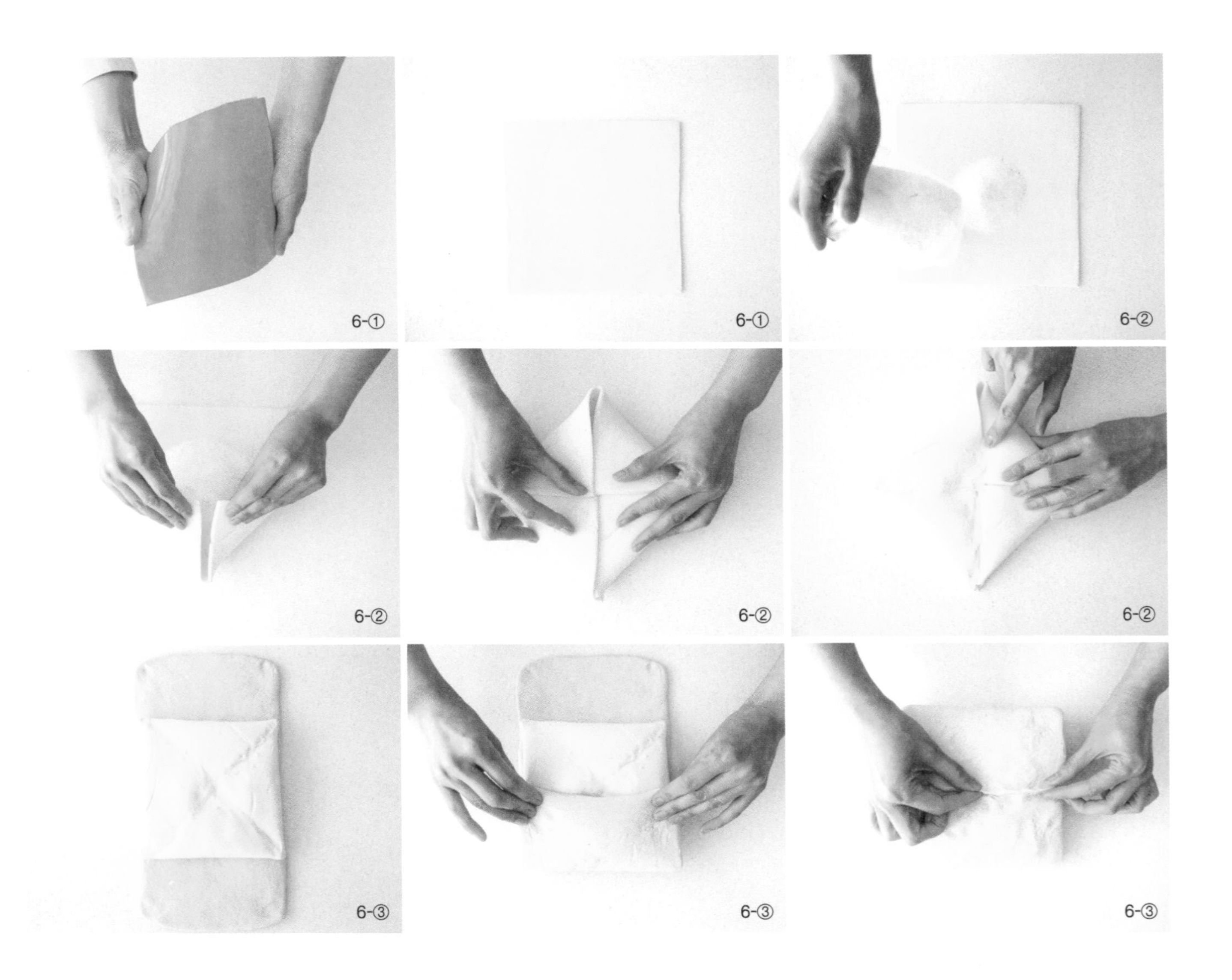

**7. 첫 번째 밀어 펴기**

① 반죽에 덧가루를 가볍게 뿌리고 밀대로 반죽을 눌러 펴준다.

⊕ 두꺼운 반죽은 미는 것보다 눌러 펴기가 쉽다.

② 눌러준 반죽을 일정한 두께로 밀어 편다. 반죽을 뒤집어 같은 방법으로 75㎝ 이상이 되도록 밀어 편다.

**8. 접기**

반죽의 3분의 1을 접고 반대편 반죽도 접어 3겹이 되도록 한다.

⊕ 퀸아망은 반죽 끝이 반듯하게 맞지 않아도 잘라내지 않는다. 반죽을 자르면 설탕이 빠져나와 작업하기 어렵다.

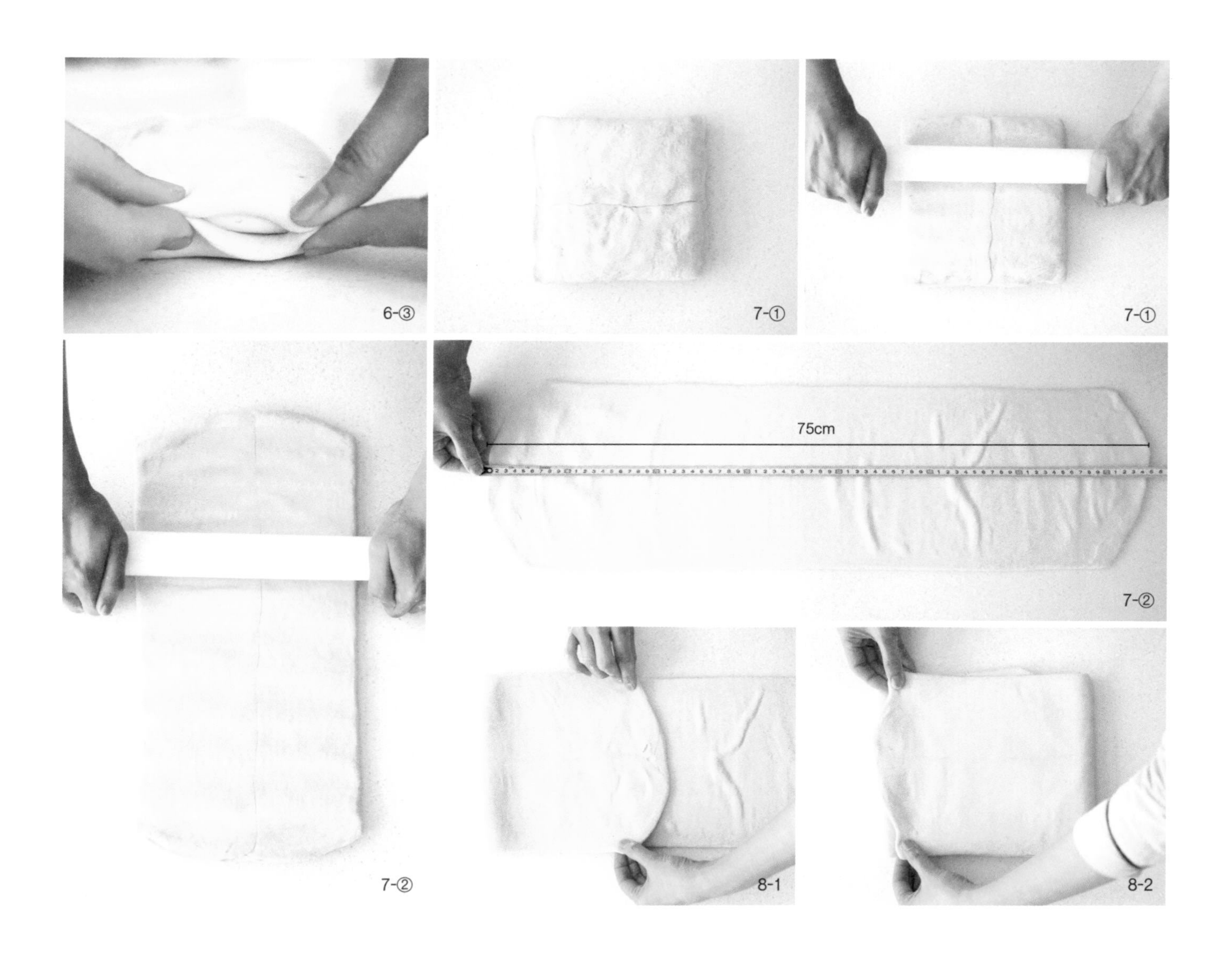

6-③ 7-① 7-① 7-② 7-② 8-1 8-2

**9. 두 번째 밀어 펴기**

① 반죽의 접힌 부분을 세로방향으로 놓고 밀대로 반죽을 눌러 펴준다.

② 눌러준 반죽을 일정한 두께로 밀어 편다.

③ 반죽을 뒤집어 같은 방법으로 65㎝ 이상이 되도록 밀어 편다.

**10. 접기**

반죽의 3분의 1을 접고 반대편 반죽도 접어 반죽이 3겹이 되도록 한다.

**11. 최종 밀기**

① 반죽의 접힌 부분을 세로로 놓고 밀대로 반죽을 눌러 펴준다.

② 다시 반죽을 90°로 돌려놓고 밀대로 눌러 폭이 22㎝가 되도록 한다.

③ 다시 반죽을 90°로 돌리고 47㎝ 이상이 되도록 밀어 편다.

퀸아망은 설탕량이 많아 휴지하기 어렵다. 만일 휴지한다면 삼투압 작용으로 반죽에 물기가 생기면서 망가진다. 냉각 없이 되도록 빠르게 작업하는 것이 좋다.

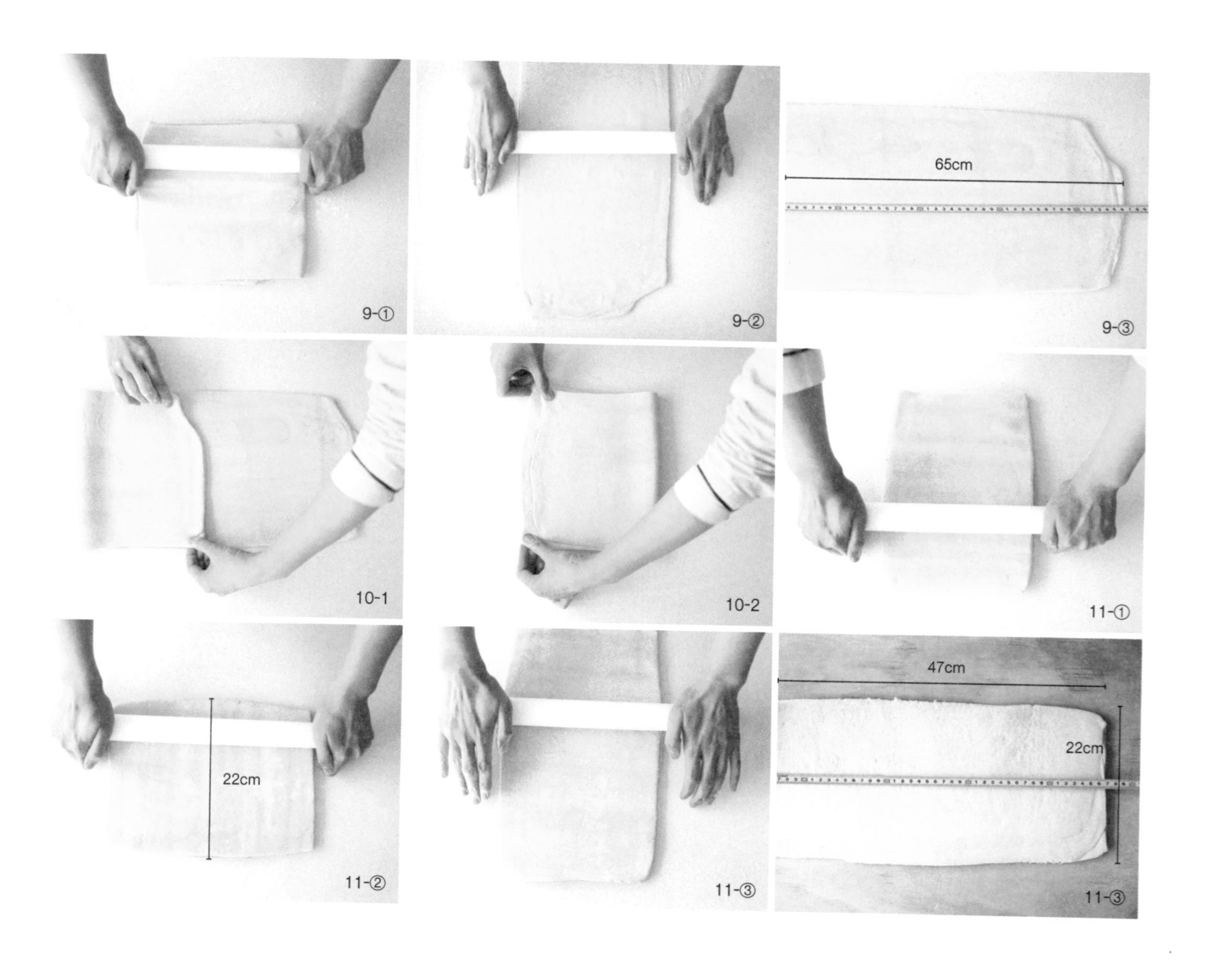

#### 12. 재단하기

가장자리를 잘라내고 폭 3㎝, 길이 45㎝로 길쭉한 반죽이 6개 나오도록 재단한다.

#### 13. 성형하기

가운데 여유 공간을 두고 돌돌 말아 지름 10㎝ 원형 틀에 넣는다.

⊕ 발효하고 구울 때 가운데 부풀 수 있는 공간을 만들어 주는 것이다.

#### 14. 2차 발효

27~28℃, 습도 70~80%에서 30~40분간 발효한다. 반죽에서 설탕이 녹아 시럽이 흘러나오면 2차 발효가 완료된 것이다.

#### 15. 굽기

컨벡션 오븐

170℃로 예열된 오븐에서 33~35분간 굽는다.

⊕ 굽는 온도는 각각의 오븐 사양에 따라 달라질 수 있다. 퀸아망은 수분이 날아가도록 충분한 시간을 굽기 때문에 데크 오븐보다 컨벡션 오븐에 굽는 것이 수월하다.

12-1 12-2 13-1 13-2 14 15

# 슈톨렌

슈톨렌은 크리스마스 전후로 먹는 독일의 전통 빵입니다. 슈톨렌의 본고장 드레스덴에서는 매년 슈톨렌 축제를 열고 대형 슈톨렌을 만들어 나누어 먹기도 합니다. 우리나라에서는 예전엔 생소한 독일 전통 빵이었지만, 이제는 겨울이면 많은 사람이 즐겨 찾는 빵이 되었습니다. 한 조각씩 잘라 먹으며 크리스마스 시즌을 만끽해도 좋고 만들어 지인에게 선물해도 좋습니다. 향신료와 럼에 절인 갖가지 과일 향이 입안을 가득 채우는 이 빵 한 조각에 따뜻한 차, 혹은 와인 한 잔을 곁들인다면 길고 추운 겨울도 향기롭고 달콤하게 보낼 수 있을 거예요.

**전체 과정(스트레이트법)**

**충전물**
건과일, 바닐라 빈, 럼을 섞어
2주 이상 숙성
↙
**중종**
23~24℃ 1시간 30분
↙
**마지팬**
90g×3개, 길이 15㎝
↙
**믹싱**
1단 5~6분, 충전물 넣고
1단 2분, 반죽 목표 온도 26℃
↙
**1차 발효**
27~28℃ 15분-펀칭-15분
↙
**분할**
300g
↙
**휴지**
15분
↙
**성형**
슈톨렌 성형
↙
**2차 발효**
27~28℃, 습도 70~80% 20분
↙
**굽기**
컨벡션 오븐 260℃ 예열
10분간 끄고 180~190℃ 20분

**재료(440g×3개 분량)**

**중종**
밀가루(미노트리발티 T55 푸스 꼼트롤리) 125g(40%)
우유 40g(13%)
물 40g(13%)
이스트(사프 세미 드라이 이스트 골드) 4g(1.3%)

**본 반죽**
밀가루(미노트리발티 T55 푸스 꼼트롤리) 185g(60%)
우유 65g(21%)
소금 5g(1.6%)
설탕 25g(8%)
버터 120g(39%)
아몬드 파우더 60g(19%)
진저브레드 스파이스 2g(0.6%)

**충전물**
크랜베리 35g(11%)
건포도 35g(11%)
설타나 35g(11%)
건살구 35g(11%)
레몬 필 18g(6%)
오렌지 필 18g(6%)
바카디 골드럼 54g(17%)
바닐라 빈 1/2개

**마지팬**
아몬드파우더 170g(55%)
물 28g(9%)
설탕 80g(26%)
쿠앵트로 8g(2.6%)

**코팅용**
녹인 버터 혹은 정제 버터 적당량
슈거 파우더 적당량

만드는 방법

**1. 충전물 준비하기**

① 건살구, 레몬 필, 오렌지 필은 다른 건과일과 비슷한 크기로 자른다.

② 바닐라 빈은 갈라 씨앗을 긁어낸다.

③ 럼을 넣고 전재료를 섞어 2주일 이상 숙성시킨다.

**2. 중종 만들기**

① 40℃의 물에 이스트를 풀고 우유와 밀가루를 섞는다.

② 부피가 2.5배 되도록 23~24℃에서 발효한다. 대략 1시간 15분~1시간 30분 정도 소요된다.

**3. 마지팬 만들기**

① 냄비에 물과 설탕을 넣고 중불에 올린다

② 가장자리가 끓으려고 할 때 냄비를 불에서 바로 내린다.

⊕ 설탕이 녹도록 바글바글 끓이면 마지팬이 쫀득하지 않고 퍼석해진다.

③ 아몬드 파우더와 쿠앵트로를 넣고 섞는다.

④ 90g씩 세 덩이로 나누어 길이 15㎝로 모양을 잡는다.

**4. 믹싱**

중종과 본 반죽의 모든 재료를 1단에서 5~6분간 믹싱하고 충전물을 넣어 고루 섞이도록 1~2분간 더 믹싱한다. 중종은 잘 섞이도록 잘게 잘라 넣고 버터는 실온 상태로 넣는다. 반죽 목표 온도는 26℃이다.

**5. 1차 발효, 접기**

① 믹싱이 끝난 반죽을 27~28℃에서 15분간 발효한다.

② 작업대에 덧가루를 뿌리고 반죽을 꺼내 가스를 빼고 가볍게 접고 15분간 더 발효한다.

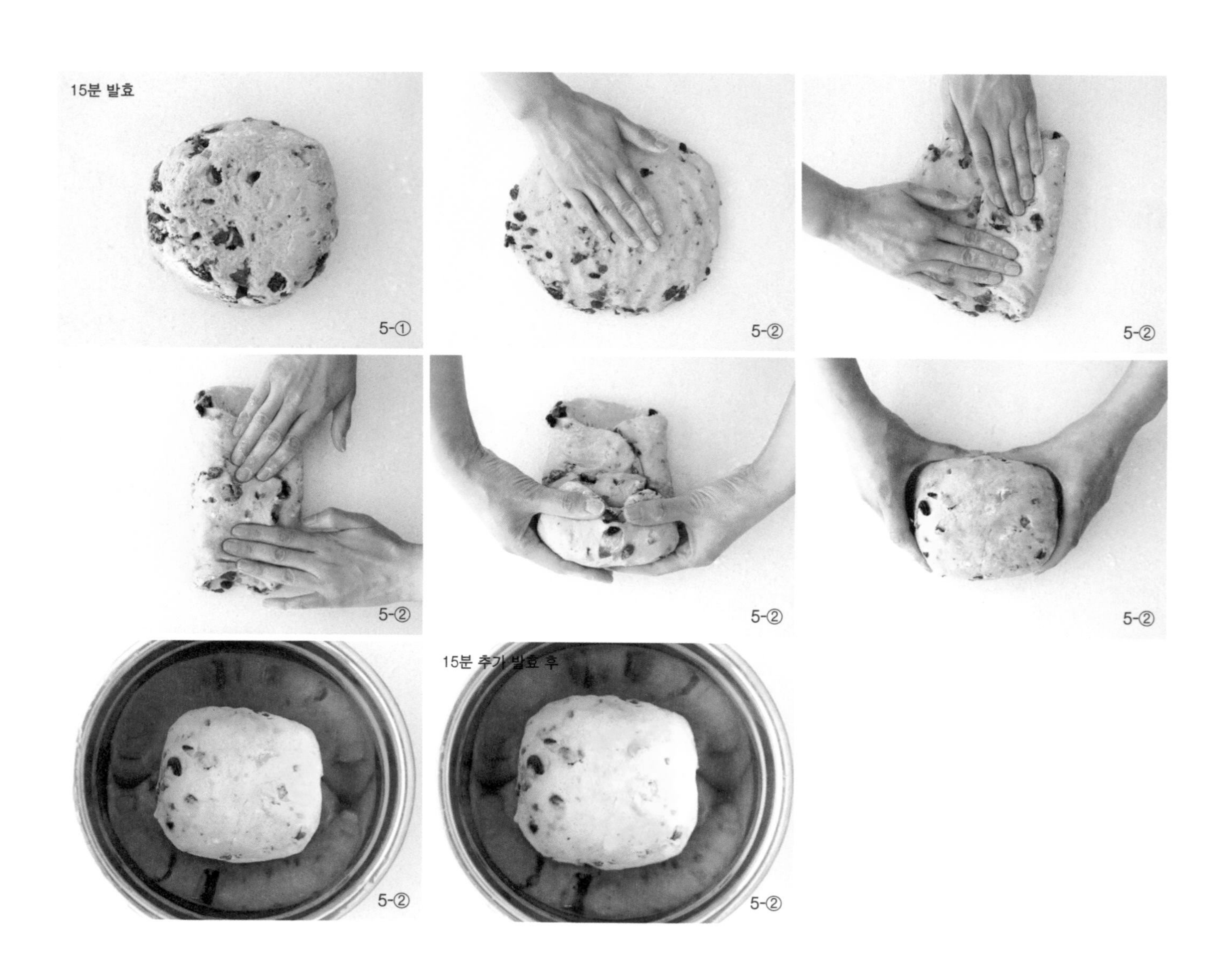

**6. 분할, 휴지**

300g으로 분할하여 둥글리기(43쪽)하고 15분간 휴지한다.

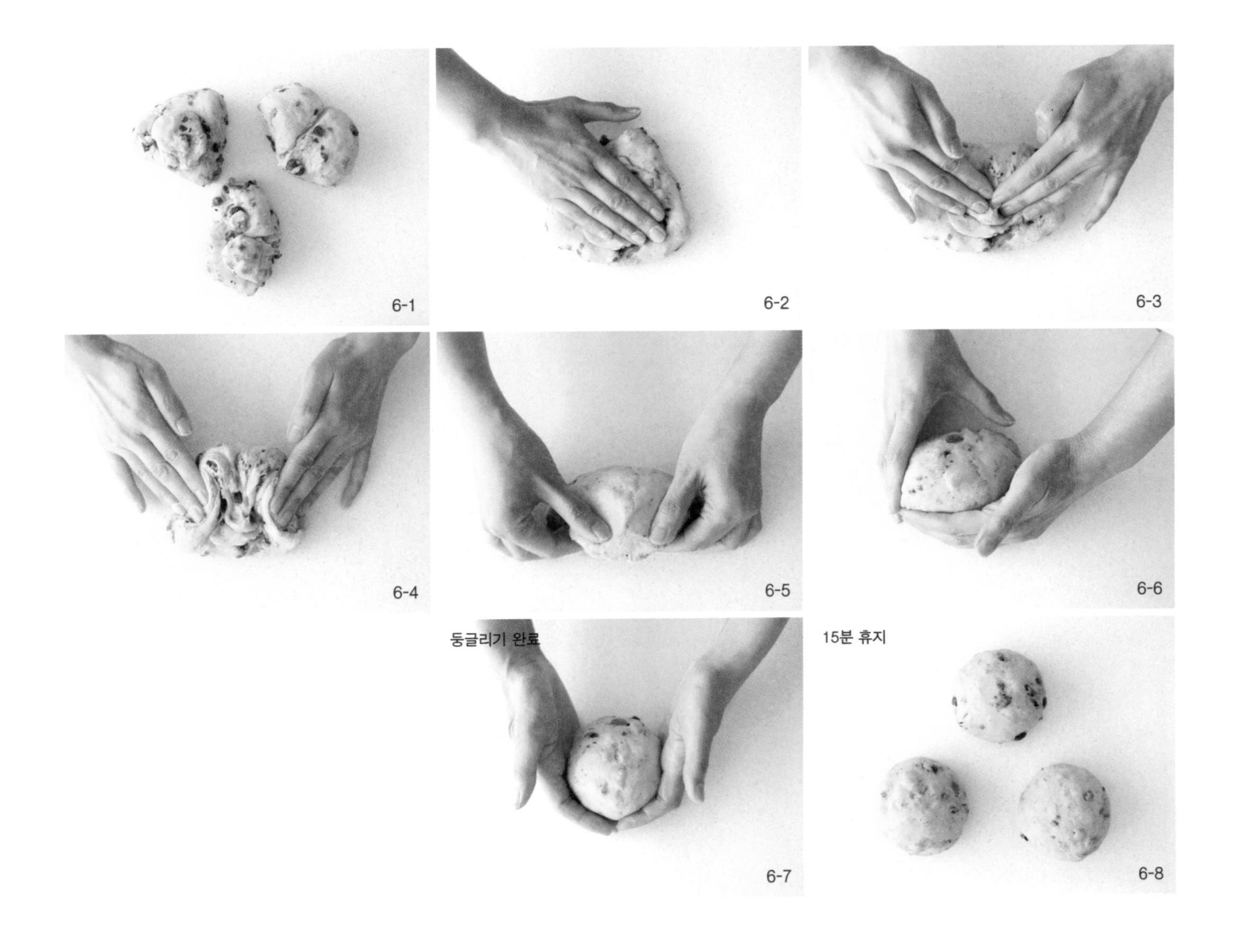

**7. 성형**

① 휴지한 반죽을 타원형으로 밀어 마지팬을 올리고 반죽을 덮는다.

② 마지팬과 반죽이 뜨지 않도록 눌러 준다.

③ 양옆의 마지팬이 밖으로 보이지 않도록 마무리한다.

**8. 2차 발효**

27~28℃, 습도 70~80%에서 20분간 발효한다.

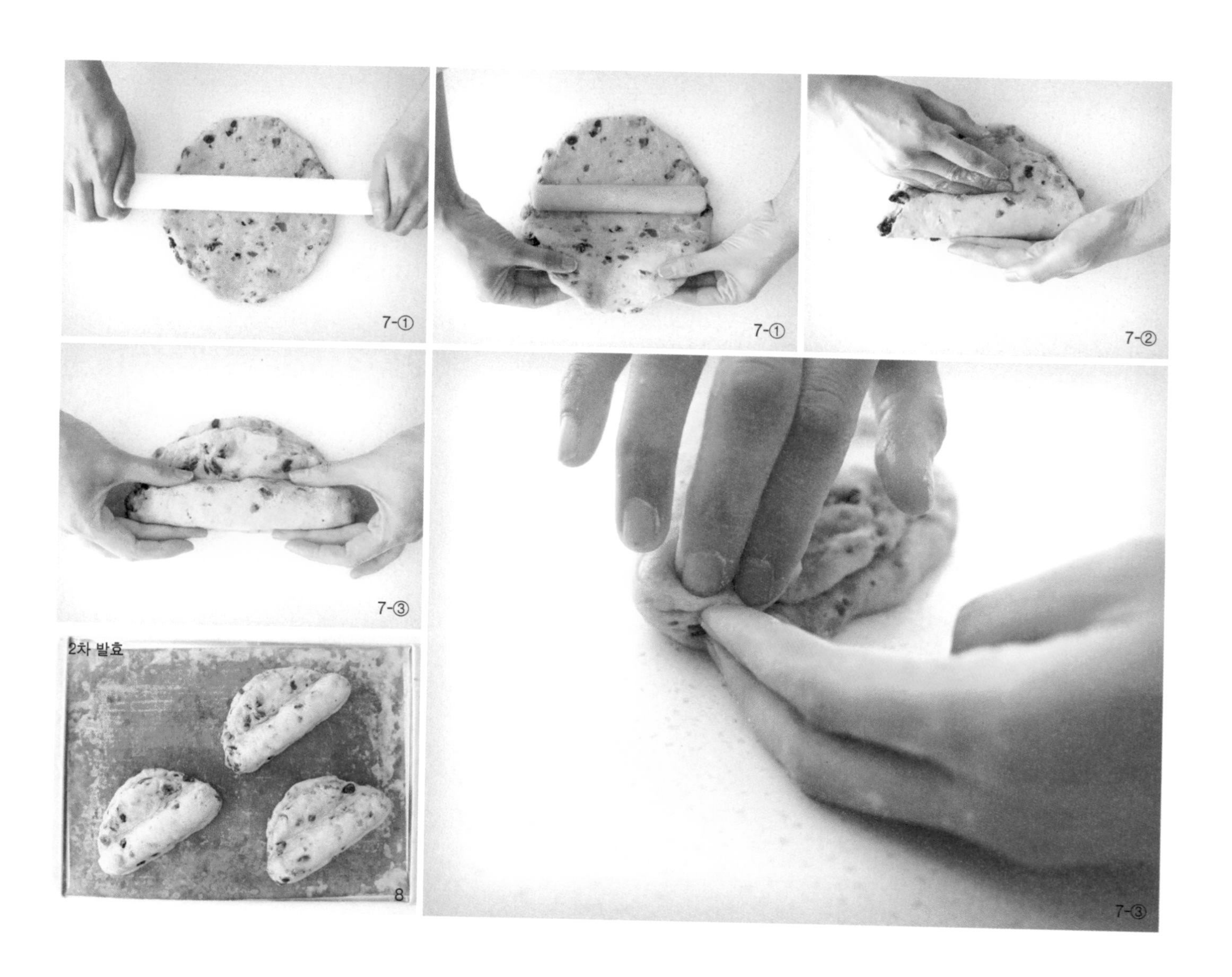

### 9. 굽기

**컨벡션 오븐**

260℃로 예열하고 반죽을 넣고 10분간 끄고 180~190℃로 낮춰 20분간 더 굽는다.

**데크 오븐**

아랫불 180℃, 윗불 220℃에서 30~32분간 굽는다.

⊕ 오븐 온도는 각각의 오븐의 사양에 따라 달라질 수 있다.

### 10. 구운 후 공정

① 오븐에서 나오자마자 녹인 버터나 정제 버터를 고루 바른다.

② 충분히 식힌 후 슈거 파우더를 코팅하여 랩으로 감싸 밀봉한다.

③ 실온에서 일주일 이상 숙성시켜 먹는다.

9-1 9-2 10-① 10-① 10-② 10-③

CHAP
2

# 상업용 이스트 없이 르방을 사용한 빵

# 르방에 대해

르방은 곡물이나 공기 중에 극소량 존재하는 자연의 이스트를 반죽 속에 집약하여 배양한 천연 발효종이다(37쪽). 2장에서는 르방을 사용하여 빵을 만드는 방법에 대해 다룬다.

**르방의 피크(Peak)는 언제인가?**

어떤 이는 르방을 물에 띄웠을 때 동동 뜨면 쓴다고 하고 어떤 이는 르방이 두 배 이상 부풀면 쓴다고 한다. 하지만 내 경험으로는 르방은 피크를 찍지 않아도, 피크를 지나도 활성이 있는한 물에 뜬다. 사실 피크에 도달하지 않아도 피크를 많이 지난 르방도 모두 빵이 될 수는 있다. 다만 결과물의 차이가 있을 뿐이다.
또 어떤 밀가루를 쓰는지 어떤 환경에서 어떤 비율로 리프레시 했는지에 따라 자라는 키가 2배가 안 될 수도 있고 3배가 넘을 수도 있다. 그러므로 단순히 자란 키로 피크가 언제인지 판단할 수 없다.

르방이 자라는 것을 관찰해 보면 르방의 부피가 시간이 지남에 따라 일정하게 부풀지 않는다는 것을 알 수 있다.
르방을 리프레시 하고 처음 얼마간은 눈에 띄는 변화가 없다. 하지만 눈에 보이지 않는다고 해서 활동하지 않는 것은 아니다. 밀가루 속의 전분을 먹고 열심히 소화하는 중이다. 좀 더 시간이 지나면 반죽 속에 기포가 보이고 그 개수가 늘어나며 크기도 커진다. 르방은 발효 후반부로 갈수록 더 빠른 속도로 부풀어 올라 마치 가속도가 붙은

것처럼 보인다. 그러다가 어느 순간이 되면 자라는 속도가 줄어들 때가 온다. 이를 그대로 두면 키는 더 자라겠지만 나는 바로 이때를 르방의 피크로 보고 빵 만들기에 사용한다. 내 입맛에는 이때 사용한 르방이 맞기 때문에 그렇게 하는 것이다. 이것보다 덜 자란 상태에서 쓸 수도 있고 더 숙성된 상태를 피크로 보고 사용하는 사람도 있다. 하지만 르방의 발효가 현저히 부족하거나 너무 많이 지나치면 반죽이 흐느적거리고 발효력이 떨어져 빵의 볼륨이 작고 맛도 떨어진다는 것을 명심해야 한다.
결론적으로 르방의 피크를 판단하는 법은 사람마다 다르다. 최대치로 숙성된 것을 사용할 수도 있고 어린 상태에서 쓰는 사람도 있다. 르방을 언제 쓰는지는 전적으로 작업자의 선택에 달렸으므로 자신의 입맛에 맞게 쓰면 된다.

**르방의 리프레시(Refresh)는 언제 어떻게 하는가?**

상업용 이스트를 사용하지 않고 빵을 만들려면 천연 발효종인 르방이 상업용 이스트의 역할을 대신할 만큼 발효력이 좋아야 한다. 빵을 만들기 위한 르방은 최대로 활성화된 상태여야 한다. 르방이 냉장고에서 오랜 시간 잠자고 있었다면 반죽을 부풀릴 능력을 대부분 상실했을 것이다. 이때 필요한 것이 리프레시다. 예를 들어, 르방을 냉장고에 넉 달간 넣어 두고 한 번도 꺼내지 않았다고 하자. 이 르방을 꺼내 열어 보면 눈이 시큼할 정도로 톡 쏘는 냄새가 진동하고 반죽 층과 물 층이 분리되어 있으며 색도 시커멓게 변해있을 것이다. 이런 상태를 보고 죽었다 혹은 상했다고 판단하고 그냥 버리는 예도 있다.
하지만 르방은 그렇게 쉽게 죽지 않는다. 물 층은 따라 버리고 검게 변한 반죽을 걷어낸다. 그리고 바닥에 붙어있는 반죽을 떠내 깨끗한 병에 옮겨 담는다. 병에 담긴 반죽은 지금 활성이 약화된 상태이므로 한번에 먹이를 많이 주면 힘들어 할 것이다. 이때는 최소 비율(1:1:1)로 물과 밀가루를 넣어 잘 섞어준다. 이후 잠자던 르방이 부풀어 올라 피크에 도달하면 다시 리프레시 해준다. 이제는 비율을 높여 먹이를 줘도 괜찮다. 그럼 이 과정을 몇 번이나 해줘야 할까? 같은 비율로 먹이를 주고 발효 온도도 같다고 했을 때 피크에 도달하기까지 걸리는 시간이 더는 짧아지지 않을 때까지 이 과정을 반복한다. 리프레시 3번 만에 활력을 찾을 수도 있고 5번이 될 수도 있다. 흔치 않은 사례를 들었지만 열흘간 냉장고에 있던 르방도 한 달간 냉장고에 있던 르방도 같은 방식으로 다시 활성화한다.

**어떤 비율로 리프레시 하는 것이 좋은가?**

결론부터 말하자면 정답은 없다. 스타터의 상태만 좋다면 1:1:1(예 스타터 40g:물 40g:밀가루 40g)도 괜찮고 1:4:4(예 스타터 40g:물 160g:밀가루 160g)도 좋다. 꼭 '이 비율이어야 좋다'라는 공식은 없으므로 내 편의에 맞추면 된다. 만일 한 여름에 잠자리에 들기 전에 리프레시 한다면 비율은 1:10:10이나 혹은 그 이상으로 한다. 그렇게 하지 않으면 잠을 설치고 새벽에 일어나 르방 상태를 체크해야 하기 때문이다. 실내 온도가 낮은 한겨울에는 비율을 1:2:2로 하고 물도 미지근한 물을 사용할 수 있다. 하지만 특이한 경우가 아니라면 1:3:3, 1:4:4, 1:5:5 정도로 맞추는 것을 권장한다.

**어떤 재료로 리프레시 하는 것이 좋은가?**

르방을 리프레시 하는 데는 물과 밀가루, 두 가지 재료가 필요하다.

물은 수돗물을 사용한다. 빵을 만드는 것이 일인 사람에게 수돗물을 쓰는 것은 상식이지만, 종종 정수기 물을 르방 리프레시나 빵 반죽에 사용하는 경우가 있다. 그러나 미네랄이 깨끗하게 걸러진 정수된 물로는 반죽의 힘이 떨어져 빵을 만들기 어렵다.

리프레시 하는 밀가루는 너무 희지 않은 것으로 선택한다. 르방의 리프레시에 사용하는 밀가루는 경험상 하얀 밀가루를 썼을 때보다 회분이 들어있어 너무 희지 않은 밀가루를 썼을 때 르방의 맛과 향이 더 좋았다. 르방의 먹이는 전분인데 이것은 글루텐이 많은 강력분보다 중력분에 더 많이 함유되어 있다. 글루텐이 많은 밀가루로 르방을 키우면 르방의 키가 원래의 3배 혹은 그 이상 자란다. 이런 르방을 넣어 빵을 만들면 결과물도 볼륨 있게 나올 것이라 생각하기 쉽지만, 반드시 그렇지는 않다. 르방은 빵 속에 다량 들어가는 재료로서 빵의 맛을 크게 좌우하기 때문에 르방을 키울 때에는 크기보다는 맛에 집중하는 것이 맞다.

### 1. 르방 만들기

르방을 만드는 방법은 여러 가지이다. 백밀이나 통밀, 호밀 등으로 만들 수도 있고 액종(액체 발효종)을 르방으로 변환시킬 수도 있다. 처음 르방을 만들 때에는 따뜻한 환경에서 신선한 유기농 통곡물을 사용하는 것이 좋다. 만일 추운 계절이라면 따뜻한(30~40℃) 물을 사용하여 따뜻한 곳에 둔다(예를 들면 냉장고 위). 완성되는데 걸리는 시간은 사용한 밀의 종류, 상태, 기온과 환경에 따라 조금씩 다를 수 있다.

이 책에서는 호밀을 사용하였다. 호밀은 당질과 미네랄, 아밀라아제가 많이 들어있어 백밀보다 발효가 쉽고 성공 확률도 높다. 호밀 가루는 색이 진하고 신선한 것을 사용해야 한다. 유통기한이 다 되어가는 호밀은 발효력이 현저히 떨어지므로 사용하지 않는다.

#### ① 첫 번째 먹이 주기

호밀 가루(다크라이 혹은 T130) 75g과 따뜻한 물(30~40℃) 75g를 잘 섞어 27℃ 이상의 따뜻한 곳에 12~24시간가량 둔다. 첫 번째 먹이 주기에는 신 냄새나 발효 향이 나지 않고, 부피가 눈에 띄게 커지지도 않는다. 미세한 기포가 발생하고 살짝 부풀 때 두 번째 먹이 주기를 한다.

①-1 ①-2 ①-3 ①-4 ①-5 ①-6

**② 두 번째 먹이 주기**

첫 번째 반죽에서 50g을 덜어내어 물 50g와 호밀 가루 50g을 섞어 따뜻한 곳에 둔다. 첫 번째 보다 잔잔한 기포가 조금 더 많아지고 부피도 더 커진다.

**③ 세 번째 ~ 네 번째 먹이 주기**

두 번째 먹이 주기와 같은 방법을 반복한다. 새콤한 발효 향이 나며 먹이 주기를 거듭할수록 반죽 속의 환경은 더 산성화되며 여러 종류의 박테리아와 효모가 공존하게 된다. 부피는 2배 이상 자라고 피크에 도달하는 속도도 빨라진다.

②-1 ②-2 ②-3

②-4 ②-5 ②-6

②-7 ③-1 ③-2

**④ 다섯 번째 먹이 주기**

네 번째 반죽에서 50g을 덜어내 물 50g, 백밀가루 25g과 호밀 가루 25g을 섞어 준다. 이 단계에서 호밀로만 먹이 주기를 반복하면 호밀 르방이 완성된다.

**⑤ 여섯 번째 먹이 주기**

다섯 번째 먹이 주기와 같은 방법을 반복한다. 점점 호밀 가루의 비중을 줄여가며 백밀 르방으로 변환한다.

완성된 르방은 새콤달콤한 향이 나면서 안정적인 발효력이 만들어진다. 이렇게 안정된 르방은 곰팡이나 다른 잡균이 침투하기 어렵다. 하지만 만들어지는 중간에 쿰쿰하거나 좋지 않은 냄새가 난다면 잡균이 번식했을 가능성이 있으므로 폐기한다.

④-1 ④-2 ④-3 ④-4 ④-5 ④-6 ④-7 ⑤-1 ⑤-2

## 2. 르방 리프레시

르방을 리프레시 한다는 것은 말 그대로 되살린다는 의미로 빵 반죽을 부풀릴 만한 힘을 다시 길러주기 위해 반복적으로 영양분을 공급하는 것이다.

### 백밀 르방 리프레시

1. 백밀 스타터에 물을 붓고 잘 풀어 준다.
2. 넣은 물과 같은 양의 밀가루를 넣고 날가루가 없도록 섞는다.
3. 실온에서 발효한다(르방의 발효는 23~28℃가 적당하다).

### 호밀 르방 리프레시

1. 호밀 스타터 2g에 40g의 물을 붓고 잘 풀어 준다.
2. 호밀 가루 40g을 넣고 날가루가 없도록 섞고 윗면을 봉긋하게 마무리한다.
3. 따뜻한 곳(27~30℃)에서 발효한다.

### 리프레시 할 때의 주의점

- 리프레시는 르방이 피크이거나 피크가 지나 꺼져 내려갔을 때 한다. 아직 부풀 여력이 남아 있을 때 먹이 주기를 하면 발효가 더뎌진다.
- 리프레시 하는 용기는 소독할 필요는 없지만 리프레시를 하면서 가장자리가 더러워지면 깨끗한 용기로 바꿔 준다. 내 경우 리프레시 서너 번에 한 번씩 바꿔 주는 편이다.
- 물은 수돗물을 사용한다. 정수기 물은 사용하지 않는다.

1-1 1-2 1-3 2-1 2-2 3-1 3-2

우리가 흔히 알고 있는 상업용 이스트, 즉 짧은 시간 안에 반죽을 부풀려 대량생산이 가능한 공장제 효모의 역사는 그리 길지 않다. 하지만 인간은 그보다 훨씬 오래전부터 밀가루를 발효하여 빵을 만들어 먹었다. 공기나 과일, 곡물 등 자연에서 존재하는 효모를 발견하고 배양하여 이를 수천 년 동안 사용해 온 것이다. 상업용 이스트도 자연에 존재하는 효모이긴 하지만 맛을 내는 발효보다 빠른 속도로 이산화탄소를 발생하고 반죽을 부풀리는 발효에 최적화하여 첨가물을 넣어 가공되었다는 점에서 자가제 효모(르방)와는 다르다. 르방은 다양한 유산균과 효모의 집합체로 서로 공생하여 생명력을 유지한다. 르방은 부풀리는 효모 외에 풍미를 내는 효모도 다량 가지고 있어 발효와 숙성시간을 충분히 거치면서 생기는 다양한 발효 산물로 인해 빵을 만들면 깊은 맛과 풍미가 있다. 또한 발효하면서 만들어진 풍부한 유기산으로 인해 소화가 쉽고 보존성이 좋아진다. 비록 모양은 투박하고 식감은 거칠지만, 천연발효 빵만이 가진 독특한 특징과 매력으로 점점 더 많은 이들이 관심을 갖고 있다.

## 사워도우의 이점

**첫 째는 빵이 맛있다.**

사워도우는 상업용 이스트로 만든 빵이 흉내 낼 수 없는 좋은 맛과 풍미를 가지고 있다.

**두 번째는 소화가 쉽다.**

나는 세상의 모든 빵을 맛있어하지만 사실 내 위는 그렇지 않다. 다른 빵도 가리지 않고 먹지만 어쩔 수 없이 사워도우 쪽에 손이 더 많이 가는 것이 숨길 수 없는 사실이다.

**세 번째는 GI 지수가 낮다. 즉, 당뇨환자에 이롭다는 말이다.**

나는 빵을 당뇨 빵, 건강 빵 이런 단어들로 분류하는 것을 좋아하지 않는다. 왠지 건강 빵이라는 단어 속에는 건강한 빵이니 맛이 좀 없어도 그냥 참고 먹으라는 무언의 강요가 있는 것 같아서다. 하지만 사워도우는 건강한 빵이 맞고 당뇨환자도 먹을 수 있는 빵이다. 물론 맛도 있으면서 말이다.

**네 번째는 영양학적으로 우수하다.**

사워도우를 만들 때는 주로 다량의 미네랄이 들어있는 통곡물을 사용하는데 본래 이 통곡물 속에는 영양소와 함께 피트산이라는 성분까지 포함되어 있다. 피트산은 미네랄의 소화 흡수를 어렵게 한다. 만일 상업용 이스트로 만든 통곡물빵을 먹는다면 우리가 흡수할 수 있는 영양소는 미미하다. 하지만 통곡물빵을 만들 때 사워도우를 넣으면 피트산의 활동이 억제되어 영양소 흡수가 쉽다.

**그렇다면 왜 사워도우에만 이러한 이점들이 있는가. 답은 pH에 있다.**

산도가 5.5~5.6인 상업용 이스트 빵과 비교해 사워도우의 수소이온농도(pH)는 4.1~4.3 이하이다. 즉, 산도가 높다는 뜻이다.
높은 산도는 전분을 당으로 바꾸는 아밀라아제의 가수분해 활동을 막는다. 다시 말해 반죽 속의 전분이 당으로 바뀌지 않고 그대로 남아 있어 소화기관이 전분을 당으로 바꾸는 과정을 담당해야 한다는 뜻이다. 또한 사워도우는 단백질 분해효소인 프로테아제의 활동을 도와 소화가 부담스러운 글루텐을 잘게 쪼갠다. 그러니 자연스레 천천히 소화되고 흡수될 수 밖에 없다. 사워도우 빵을 먹었을 때 소화가 쉬우면서도 포만감이 오래가는 이유가 여기에 있다.
프로테아제의 단백질 분해는 소화에만 이로운 것이 아니다. 단백질이 분해되면서 만들어진 아미노산과 같은 부산물들이 빵에 감칠맛을 더해준다. 사워도우 빵의 껍질이 유독 마이야르 반응이 뚜렷하고 진한 향을 가지는 이유이기도 하다.
이 밖에도 사워도우의 높은 산도는 피타아제라는 효소의 활성을 돕는다. 피타아제는 영양분의 흡수를 방해하는 피트산의 활동을 억제한다. 이러한 면에서 사워도우는 영양학적인 측면에서도 가치가 있다고 할 수 있다.

## 사워도우 빵을 만들 때 유의할 점

이렇게 이점이 많은 빵도 맛있게 잘 만들어야 먹을 수 있다.
다음은 사워도우를 잘 만드는 데 필요한 몇 가지 중요한 요건이다.

**첫 번째는 르방의 상태가 좋아야 한다.**

건강하지 못하고 활력 없는 르방, 시기만 하고 맛없는 르방은 빵 반죽 역시 힘이 없고 빵 맛도 별로다.

**두 번째는 믹싱이 적당해야 한다.**

사워도우 빵을 만들다 많이 실패하는 이유 중 하나가 반죽을 너무 많이 만져 망가뜨리는 것이다. 위에서도 언급했지만 르방의 높은 산도는 글루텐의 분해를 돕는다. 지나치게 믹싱한 반죽은 발효 초반부터 글루텐이 얇아진 상태이고 남은 긴 발효 시간 동안 르방도 열심히 글루텐을 분해할 것이다. 그러다 보니 어느 순간 글루텐은 다 끊어져 전분보다 더 많이 흡수됐던 물이 도로 배출된다. 그럼 반죽의 탄력은 사라지고 표면은 물기가 배어 나와 끈적이고 번들거린다. 이러한 반죽은 발효를 끝까지 진행할 수 없다.

손가락 사이로 다 빠져나가는 슬라임 같은 반죽을 억지로 성형해야 하고, 어찌어찌 망가진 반죽으로 빵을 끝까지 굽는다고 해도 글루텐이 무너진 빵의 껍질은 두꺼워 먹기 부담스럽다. 물론 다 채우지 못한 발효로 맛도 없으며 모양도 엉망이다. 빵의 엉덩이는 주저앉고 속은 커다란 동굴이 생기며 심하면 아예 넙치 같은 모양으로 나오기도 한다.
그렇다면 무조건 덜 만지는 것이 능사인가.
믹싱을 한다는 것은 반죽이 수월히 발효할 수 있는(가스를 포집할 수 있는) 구조를 만들어 주는 것이다. 가장 좋은 믹싱은 빵 굽기까지 글루텐이 무너지지 않으면서도 가볍고 볼륨 있는 빵이 나올 수 있을 때까지만 하는 것이다. 깜파뉴 수업을 하면서 수강생들의 망가진 반죽을 빵으로 구워 먹으면 유독 맛이 떨어진다는 것을 알았다. 망가진 반죽이나 그렇지 않은 반죽이나 정해진 시간 동안 동일하게 발효한다. 하지만, 글루텐이 망가진 빵은 같은 재료로 같은 시간 발효하고도 그렇지 않은 빵에 비해 풍미가 떨어진다는 것이다. 글루텐이 망가진 빵은 발효를 다 채우기도 어렵지만 충분한 발효 시간을 준다고 해도 풍미가 확연히 떨어진다.

**세 번째는 발효다.**

사워도우의 재료는 주로 밀가루, 물, 소금이다. 이 간단한 재료로 맛을 내는 데는 발효가 반이며 나머지 반은 밀가루라고 생각한다. 여기서 발효는 1차 발효를 뜻한다. 다른 빵도 마찬가지지만 사워도우로 만든 빵의 맛은 1차 발효가 좌우한다고 해도 과언이 아니다. 특히나 저온으로 2차 발효를 하는 사워도우는 1차 발효를 얼마나 어떻게 했느냐에 따라 맛이 결정지어진다. 과발효되어서는 안 되겠지만 1차 발효는 최대로 하여 맛을 올리는 것이 좋다.

**네 번째는 굽기다.**

사워도우는 고온에서 장시간 굽는 빵이다. 다른 빵에 비해 커서 고온에 충분히 구워야 맛이 나기 때문에 홈 베이커들이 가정용 오븐으로 굽기가 만만치 않다. 260℃ 이상의 고온 가능한 컨벡션 오븐도 사워도우에 그리 적합하지는 않다. 컨벡션 오븐은 뜨거운 바람으로 오븐 온도를 유지하는데, 이 뜨거운 바람은 오븐스프링이 끝나기도 전에 반죽의 표면을 굳히고 말려 원활한 오븐스프링을 방해한다. 바람으로 구워진 빵은 충분히 부풀지 못해 껍질이 두껍고 크기가 작으며 식감도 무거울 수 밖에 없다.
그래서 컨벡션 오븐에서 사워도우를 구울 때는 크게 두 가지 방법을 사용한다. 뚜껑을 덮지 않고 초반 오븐스프링이 일어나는 동안 오븐을 꺼두는 방식과 오븐을 끄지 않고 뚜껑을 덮어 바람을 직접적으로 맞지 않게 하는 방식이다. 전자의 경우는 뜨거운 열이 일정 시간 지속되는 바닥과 스팀이 필수다. 그래서 주로 돌판이나 주물 팬과 같이 지속해서 바닥 열을 공급해 줄 도구를 충분히 예열하여 사용한다. 돌판이나 주물 팬을 뜨겁게 달궈 반죽을 올리고 바람을 꺼 오븐스프링이 일어날 수 있는 시간을 벌어 주는 방식이다. 후자의 경우는 오븐을 끄지 않고 굽기 때문에 오랜 시간 예열할 필요가 없고 뚜껑이나 바닥이 두꺼울 필요도 없다. 어떠한 방식이든 작업자가 선호하는 쪽을 선택하면 된다. 내 경우 사워도우는 클수록 맛이 좋다고 생각해 크기에 욕심을 내는 편이다. 그래서 나는 뚜껑을 덮어 굽는 방식을 선호한다. 이것은 컨벡션 오븐에 구워도 마르지 않게 속까지 충분히 익힐 수 있다.

컨벡션 오븐을 사용하기 전에는 아래에 불꽃이 있는 가스 오븐을 사용했다. 내부 온도가 220℃ 정도가 최고인 가스 오븐이었지만 보통의 이스트 빵을 굽는 데는 부족함이 없었다. 하지만 고온이 필요한 사워도우 깜파뉴를 굽기에는 어림없었다. 사워도우를 구우려면 뜨거운 바닥을 인위적으로 만들어 줘야 했다. 환기구가 크게 뚫려 있는 가스 오븐의 구조는 스팀을 아무리 공급해도 밑 빠진 독에 물 붓기였다. 그래서 돌판을 직화로 달구고 덮개도 따로 달구어 오븐스프링이 나도록 했다. 좀 번거롭기는 해도 매우 맛있게 구워 먹을 수 있었다.

이렇게 십수 년을 가스 오븐에 빵을 구워 먹다가 큰 기대를 안고 컨벡션 오븐을 들여 빵을 구웠다. 그런데 빵은 향이 거의 없다시피 했고 다 말라버린 것 같은 식감이 절망적이었다. 그 충격 때문인지 지금도 어떤 빵을 굽든 컨벡션 오븐의 바람은 가능한 덜 맞게 하는 방법으로 굽는다.

# 깜파뉴

빵 중에서 가장 질리지 않고 오래도록 맛있게 먹을 수 있는 빵이 있다면 바로 사워도우 깜파뉴가 아닐까 합니다. 간단한 샐러드나 수프, 야채 구이와 곁들이면 진수성찬이 만들어지고요. 간단히 프렌치토스트만 해도 한 끼 맛있는 식사가 됩니다. 다 귀찮다면 버터 한 조각만 곁들여도 꿀맛이지요. 일단 한 번 이 빵을 내것으로 만들어 놓으면 평생 최고로 맛있는 빵을 즐길 수 있습니다.

**전체 과정(2차 저온법)**

**오토리즈**
30분
↙
**믹싱**
손반죽
↙
**1차 발효**
25~26℃, 4시간~4시간 30분
↙
**성형**
깜파뉴 성형

**2차 발효**
냉장 12~15시간
↙
**굽기**
컨벡션 오븐 260℃ 예열
260℃ 뚜껑 덮어 20분
오븐 끄고 10분
230℃ 10분

**재료(680g 1개 분량)**

**본 반죽**
밀가루(물비(Moul-Bie) 트레디션 T65) 300g(90%)
통밀(허틀랜드 통밀가루) 33g(10%)
르방 110g(33%)
물 232g(70%)
소금 6g(1.8%)

**도구**
길이 23㎝ 폭 14.5㎝ 반느통(Banneton)

**만드는 방법**

**1. 르방 리프레시**
잠자고 있던 르방이라면 여러 번 리프레시 하여 활기찬 상태로 깨워 준다.
⊕ 르방 리프레시 - 154쪽

**2. 오토리즈**

분량의 물과 밀가루를 가볍게 섞어 30분간 오토리즈 한다(86쪽). 반죽 초반 온도가 너무 높으면 발효 후반부에 반죽의 힘이 급격히 떨어지므로 반죽 온도가 25℃가 넘지 않도록 물 온도를 조절한다.

**3. 르방 섞기**

피크가 된 르방을 넣고 잘 섞어 30분간 그대로 둔다.

⊕ 잘 섞이기만 하면 된다. 르방을 섞은 후부터 1차 발효가 시작된다.

**4. 소금 섞기**

소금을 넣고 소금이 손끝에 느껴지지 않을 때까지만 섞는다.

⊕ 반죽을 너무 많이 만져 부드러워지면 긴 발효 시간을 버티지 못하고 중간에 무너져 버릴 수 있으니 유의한다.

**5. 1차 발효, 접기**

① 반죽을 힘껏 당기지 않고 살살 늘려 올려 접는다.

② 볼을 돌려가며 4면을 모두 접어 올린다.

③ 반죽을 뒤집어 표면이 매끈하도록 정돈한다.

④ 1시간 후에 한 번 더 반복한다.

⊕ 접는 것도 믹싱의 연장이다. 이미 글루텐이 얇아졌다고 판단되면 더는 만지지 않는다. 접기는 한 번 혹은 두 번이면 충분하다.

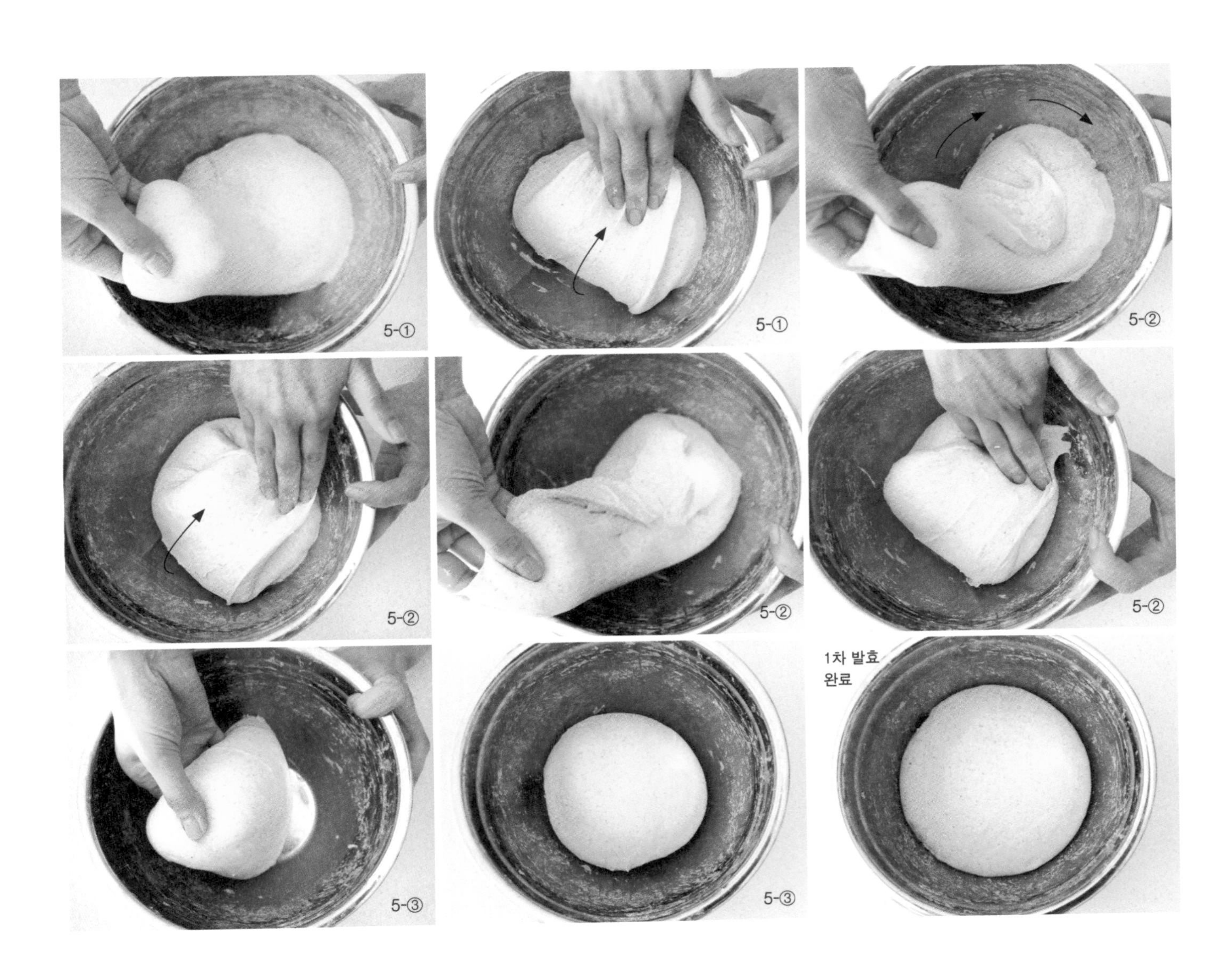

**6. 성형**

① 충분히 발효되고 반죽 속의 기포가 가득 차면 성형한다. 반죽 위에 덧가루를 뿌리고 스크래퍼로 볼과 반죽을 분리한다.

ⓒ 르방을 넣고 성형하기 전까지 실온이 25~26℃라면 총 소요 시간은 4시간~4시간 30분 정도다.

② 볼을 엎어 반죽을 떨어뜨린다.

③ 반죽 한 쪽의 3분의 1을 접는다. 반죽이 3겹이 되도록 반대쪽도 접어 올린다. 반죽의 윗부분을 말아 내려 약간 단단하게 성형한다.

ⓒ 이때 최대한 기포를 꺼뜨리지 않고 살려 성형한다. 이 레시피는 저온으로 2차 발효하므로 성형한 후에 냉장고에 넣는다. 이 과정 이후로는 반죽이 거의 부풀지 않으므로 성형하면서 볼륨을 많이 꺼뜨리지 않도록 주의한다.

④ 반죽의 양옆도 터지지 않도록 마무리한다.

⑤ 반느통에 이음매가 위로 오도록 넣는다.

6-① 6-② 6-② 6-③ 6-③ 6-③ 6-③ 6-③ 6-③

### 7. 2차 발효

성형한 반죽을 냉장고에 12~15시간 저온 발효한다.

⊕ 냉장 온도는 보통 3~5℃이지만 1차 발효 상태나 계절에 따라 냉장 시간을 조절해도 좋다.

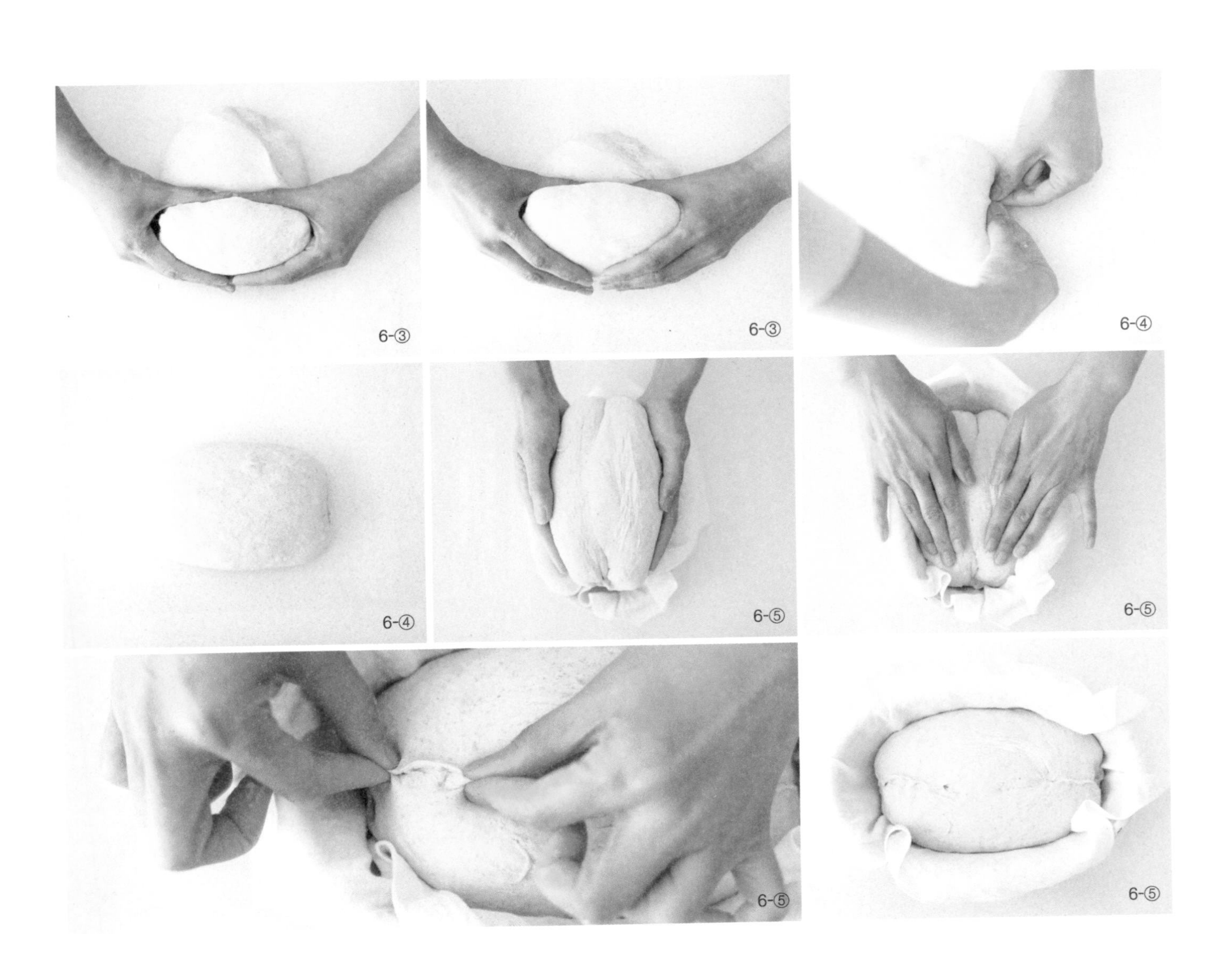

6-③ 6-③ 6-④ 6-④ 6-⑤ 6-⑤ 6-⑤ 6-⑤

### 8. 쿠프 내기

반죽에 물기가 있으면 덧가루를 살짝 뿌린 후에 반느통을 뒤집는다. 반죽의 중앙에 칼을 눕혀 얕게 칼집을 낸다.

⊕ 반죽의 힘과 발효와의 밸런스가 좋다면 쿠프를 어떻게 내든 빵은 멋지게 부풀고 맛있게 나온다. 쿠프를 잘못해서 망친 것 같다는 경우 대부분은 쿠프 문제가 아니라 발효나 믹싱 혹은 다른 문제 때문이다. 쿠프 내는 일에 너무 부담 갖지 않아도 된다는 말이다. 뜬구름 잡는 것 같은 말일 수도 있겠지만 맛있고 멋있는 빵을 만나고 싶다면 반죽과 발효에 집중하는 것이 좋다.

### 9. 굽기

**컨벡션 오븐**

① 컨벡션 오븐으로 돌판에서 굽는다면 한 시간 정도 예열한다. 돌판에 반죽을 올리고 스팀을 넣고 10분간 오븐을 끈다. 오븐을 켜고 180~190℃에서 20~25분 굽는다.

⊕ 스팀용 돌이나 스테인리스 제품을 넣은 팬을 함께 예열한다. 몇 년 전에 돌을 쓴 적이 있었는데 고온에 물 붓기를 반복하니 돌이 깨져 오븐 바닥에 모래처럼 남곤 했다. 이후에 숟가락, 젓가락으로 바꿨는데 스팀도 잘 일어나고 안전했다. 다만 스테인리스 제품은 반드시 식품용이나 안전한 제품을 사용해야 한다(스팀 : 32 쪽).

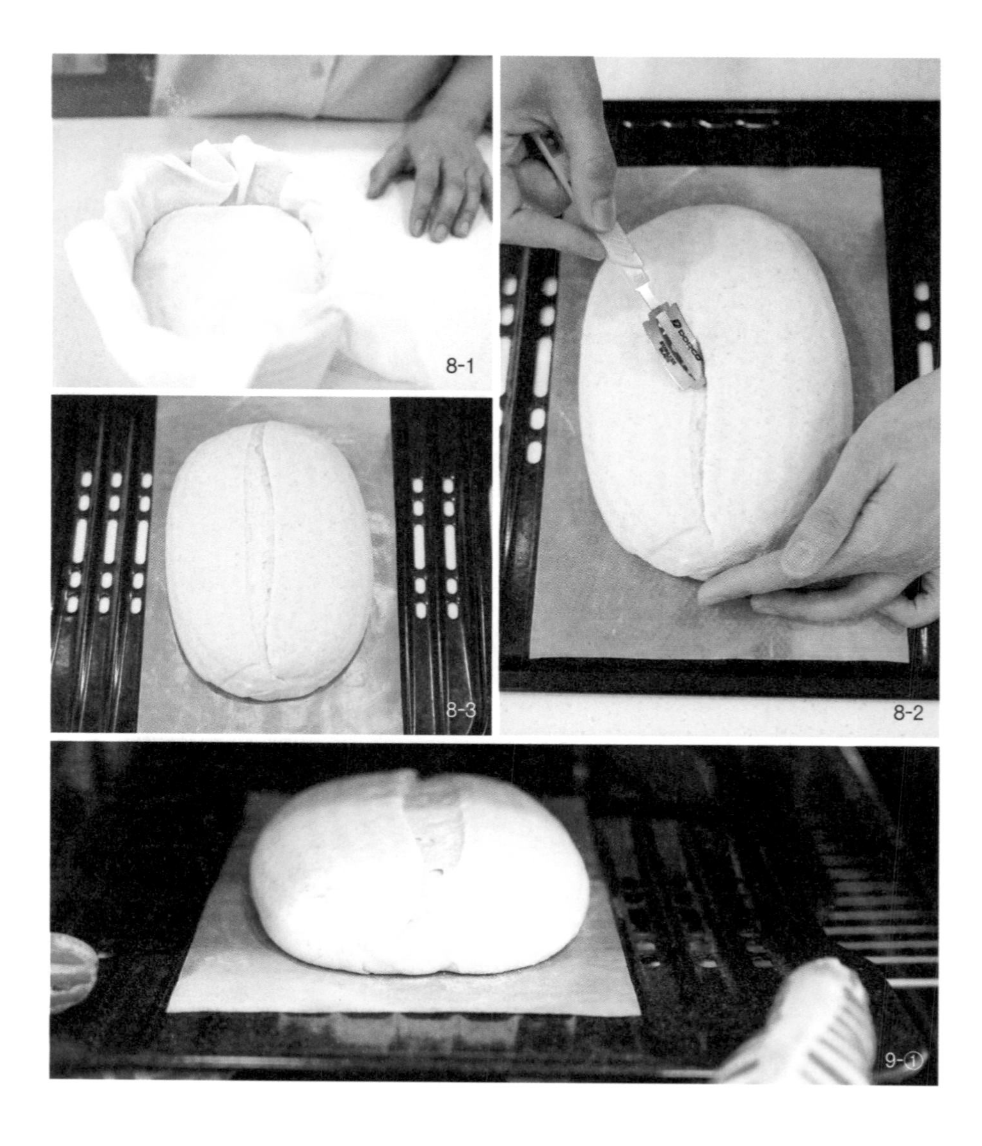

② 뚜껑을 덮어 굽는다면 뚜껑과 팬을 같이 예열한다. 반죽을 팬에 올리고 뚜껑을 덮는다. 필요하다면 덮은 뚜껑 옆에 뜨거운 물을 흘려 스팀을 보충할 수 있다. 덮은 채로 260℃로 20분간 굽고 뚜껑을 열고 오븐을 끈 채로 10분간 둔다. 220~230℃로 오븐을 켜고 10분간 색을 낸다.

◎ 굽는 온도는 각각의 오븐 사양에 따라 달라질 수 있다.

**데크 오븐**

아랫불 270℃, 윗불 240℃로 예열한다. 반죽을 넣고 스팀 450g(4초)를 넣어 아랫불 250℃로 내려 20분간 굽고 오븐 댐퍼를 열어 윗불을 250℃로 올려 20분간 더 굽는다.

◎ 굽는 온도는 각각의 오븐 사양에 따라 달라질 수 있다.

9-②
9-②
9-②

# 요거트 식빵

단단하고 거친 깜파뉴보다 부드러운 빵을 더 좋아하는 아들 때문에 르방으로 빵을 굽기 시작할 때부터 꾸준히 사워도우 식빵을 만들었어요. 그때는 사워도우에 대한 기본적인 지식이 부족한 상태라서 르방만으로 부드러운 빵을 만드는 데는 정말 어려움이 많았습니다. 부족함이 많았던 예전의 빵은 이제 가볍고 향기로운 빵이 되었습니다.
이 빵의 성공 열쇠는 르방과 믹싱입니다. 모든 사워도우가 마찬가지지만 르방이 활력 있는 상태여야 하고 충분히 믹싱돼야 합니다. 무거운 식감은 사워도우의 특징이지만 충분히 믹싱하여 가능한 가벼울 수 있도록 해줘야 합니다. 아울러 요거트 또한 사워도우 식빵을 가볍게 하는 중요한 재료입니다. 만일 요거트를 우유로 대체한다면 볼륨이 작아지고 좀 더 무거운 식감의 빵이 나올 수 있어요.

**전체 과정(1차 저온법)**

**사전 반죽**
27~28℃ 6~7시간 숙성
↙
**믹싱**
1단 5분, 2단 6분
반죽 목표 온도 27℃
↙
**1차 발효**
25~26℃ 3시간 30분
냉장 12~15시간
↙
**분할**
240g
↙
**휴지**
30분
↙
**성형**
식빵 성형
↙
**2차 발효**
27~28℃, 습도 80%
3시간 30분~4시간
↙
**굽기**
컨벡션 오븐 250℃ 예열
스팀 넣고 8분간 끄고
185℃ 14~15분

**재료(240g×5개 분량)**

**사전 반죽**
스타터 90g(75%)
물 75g(62%)
설탕 30g(25%)
밀가루(마루비시 강력분 K-블레소레이유) 120g(100%)

**본 반죽**
밀가루(마루비시 강력분 K-블레소레이유) 440g(100%)
사전 반죽 전량
무가당 요거트 180g(41%)
물 120g(27%)
달걀 45g(10%)
설탕 40g(9%)
소금 10g(2.2%)
버터 60g(14%)

**도구**
10.5㎝×10.5㎝×9.5㎝의 큐브 틀

**만드는 방법**

### 1. 사전 반죽 준비

① 르방 스타터는 미리 리프레시 해 활력 있는 상태로 사용한다.

② 리프레시 한 스타터에 설탕과 물을 넣고 덩어리가 없도록 잘 푼다.

③ 밀가루를 넣고 날가루가 없도록 섞는다.

④ 27~28℃에서 발효한다. 피크까지 6~7시간 정도 소요된다. 부피는 4배까지 커지는데, 맛을 보면 밀가루의 텁텁함은 모두 사라지고 새콤달콤하며 맛이 좋은 상태이다.

### 2. 믹싱

① 버터를 제외한 모든 재료를 반죽기에 넣고 1단에서 5분, 2단에서 3분가량 믹싱한다.

② 반죽이 한 덩이로 뭉치면 버터를 넣고 2단으로 3분 정도 더 믹싱한다.

③ 반죽 상태는 윤기 나며 늘렸을 때 찢어지지 않고 잘 늘어나는 상태이다. 반죽 목표 온도는 27℃이다.

○ 사전 반죽의 온도가 높으므로 전 재료는 냉장했다 사용한다.

### 3. 1차 발효

24~26℃에서 3시간 30분 발효하고 냉장고(3~5℃)에서 12~15시간 저온 발효한다.

### 4. 실온화

20분간 실온화 한다.

### 5. 분할, 둥글리기

① 작업대에 덧가루를 가볍게 뿌리고 240g으로 분할한다.
② 가스를 정리하며 둥글리기 한다(43쪽).

### 6. 휴지

30분간 휴지한다.

2-③ 3 5-①
5-① 5-② 5-②
5-② 5-② 5-②

### 7. 성형, 패닝

① 가스를 빼고 양 날개를 가운데로 모아 접는다.

② 반죽을 밀대로 밀어 모양을 잡고 느슨하게 말아준다.

③ 틀 한쪽으로 반죽을 밀어 넣고 손등으로 살짝 누른다.

### 8. 2차 발효

27~28℃, 습도 80%에서 3시간 30분~4시간 발효한다. 틀 위로 1㎝가량 올라오면 발효가 완료된 것이다.

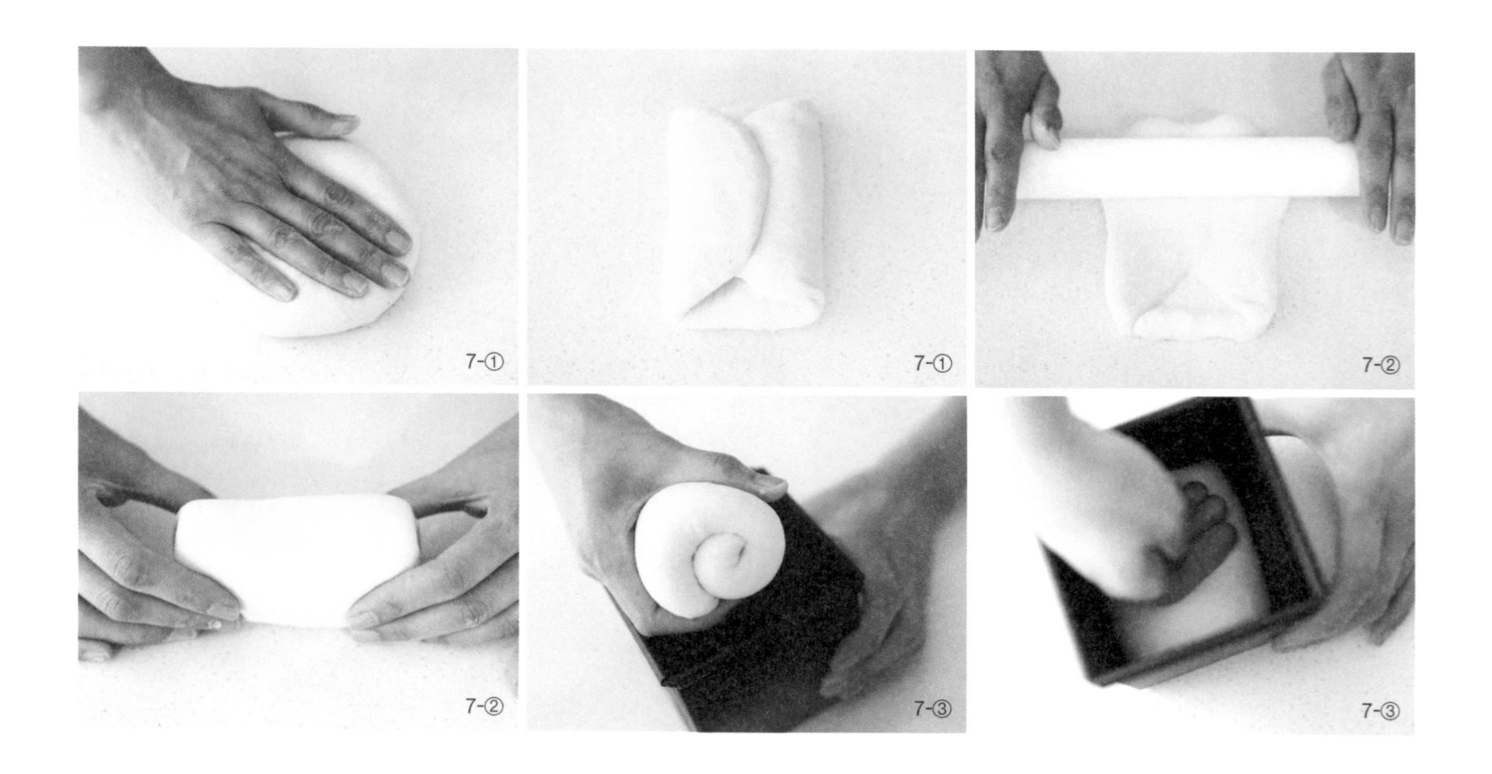

7-① 7-① 7-② 7-② 7-③ 7-③

### 9. 굽기

**컨벡션 오븐**

250℃로 예열하고 반죽을 넣은 다음 스팀을 넣고 오븐을 끄고 8분간 둔다. 185℃에서 14~15분간 굽는다.

**데크 오븐**

아랫불 200℃, 윗불 210℃에서 23~24분간 굽는다

⊕ 굽는 온도는 각각의 오븐 사양에 따라 달라질 수 있다.

### 10. 식히기

오븐에서 꺼내면 식는 동안 빵이 찌그러지는 것을 방지하기 위해 틀에서 꺼내기 전에 바닥에 떨어뜨려 충격을 주어 빼낸다.

# 치아바타

치아바타는 성능 좋은 반죽기도 힘센 팔뚝도 필요 없습니다. 긴 발효 시간을 기다려 줄 끈기만 있으면 됩니다. 손끝으로 조물조물, 중간중간 접어주는 것만으로 충분히 좋은 빵이 될 준비가 됩니다. 어려운 성형도 쿠프 내기도 없습니다. 원하는 크기로 반죽을 뚝뚝 끊어 내고 잠시 두었다 굽기만 하면 되니 이보다 쉬울 수가 없어요.

**전체 과정(1차 저온법)**

**오토리즈**
30분
↙
**믹싱**
손반죽
↙
**1차 발효**
25~26℃ 3시간 15분~3시간 30분
냉장 12~17시간
↙
**분할**
치아바타 분할
↙
**2차 발효**
25~26℃, 습도 60~70% 30~40분
↙
**굽기**
컨벡션 오븐 최고 온도 예열
스팀 넣고 6분간 끄고
250℃ 5~8분

**재료**

**본 반죽**

밀가루(맥선 유기농 강력분) 475g(95%)
통밀(허틀랜드 통밀가루) 25g(5%)
물 410g(82%)
르방 150g(30%)
소금 10.5g(2.1%)
올리브 오일 25g(5%)

**만드는 방법**

### 1. 르방 리프레시

잠자고 있던 르방이라면 여러 번 리프레시 하여 활기찬 상태로 깨워 준다.

르방 리프레시 - 149, 154쪽

### 2. 오토리즈

① 볼에 분량의 물과 밀가루를 가볍게 섞어 30분간 오토리즈 한다(86쪽).

② 목표 온도는 24℃이다.

1

2-①

2-②

### 3. 르방 섞기

피크가 된 르방을 넣고 잘 섞어 30분간 그대로 둔다.

⊕ 르방을 섞은 후부터 발효가 시작된다.

### 4. 소금, 올리브 오일 섞기

소금과 올리브 오일을 넣고 손으로 쥐어짜듯 섞어준다. 오일이 완전히 흡수되어 반죽에 반짝이는 부분이 없어질 때까지 충분히 섞는다.

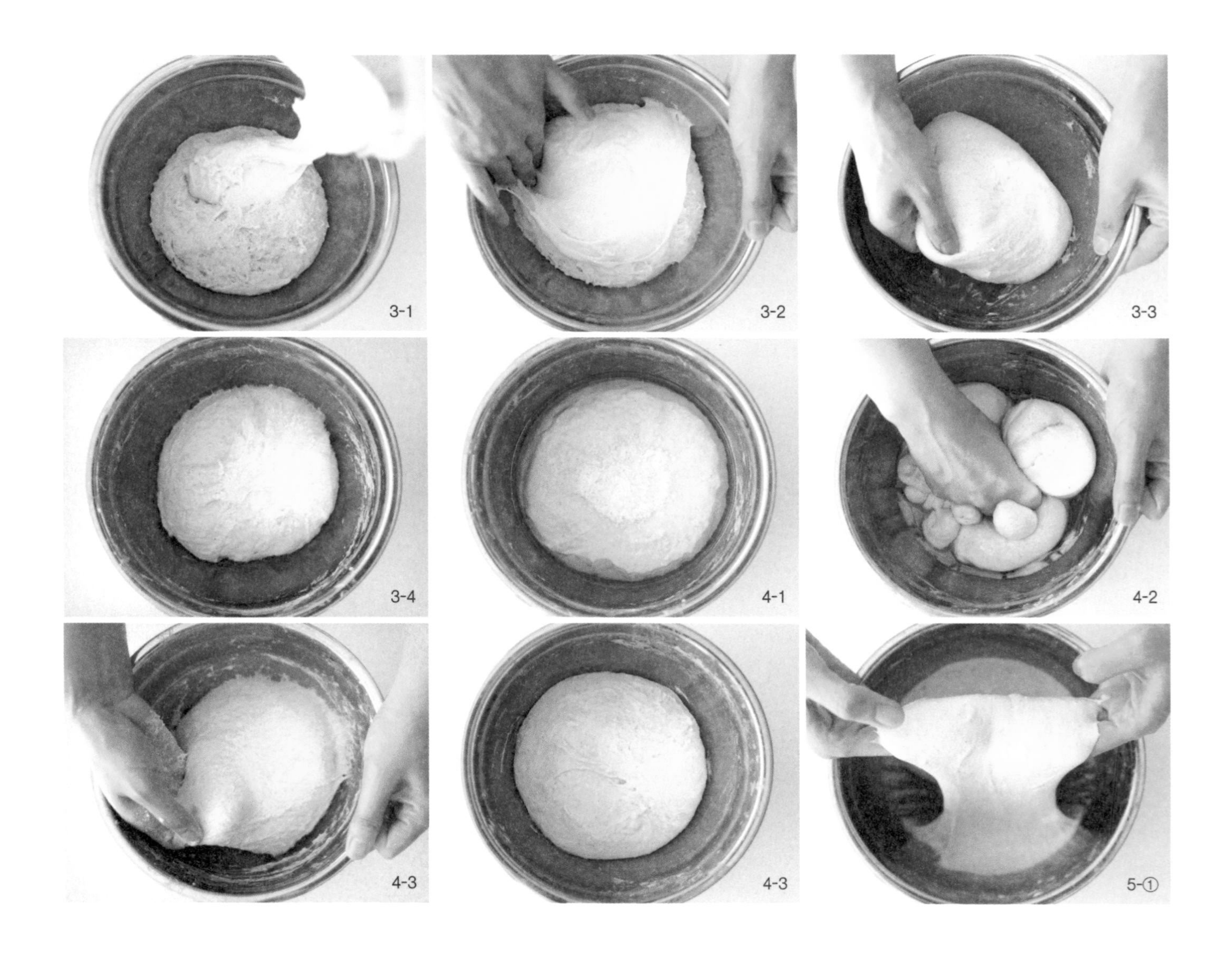

### 5. 접기, 1차 발효

① 25~26℃에서 40분간 발효하고 사방에서 안쪽으로 말아접어(코일폴딩Coil folding) 발효통으로 옮긴다. 같은 방법으로 40분 간격으로 총 5회 접는다.

⊕ 1차 발효는 르방을 넣고 총 3시간 15분~30분 정도 소요된다. 르방의 상태에 따라 발효 시간은 조금씩 다를 수 있다.

② 3~5℃ 냉장고에서 12~17시간 저온 발효 한다.

### 6. 실온화

냉장고에서 꺼내 15~20분간 실온화 한다.

⊕ 계절에 따라 실온화 시간을 조절할 수 있다.

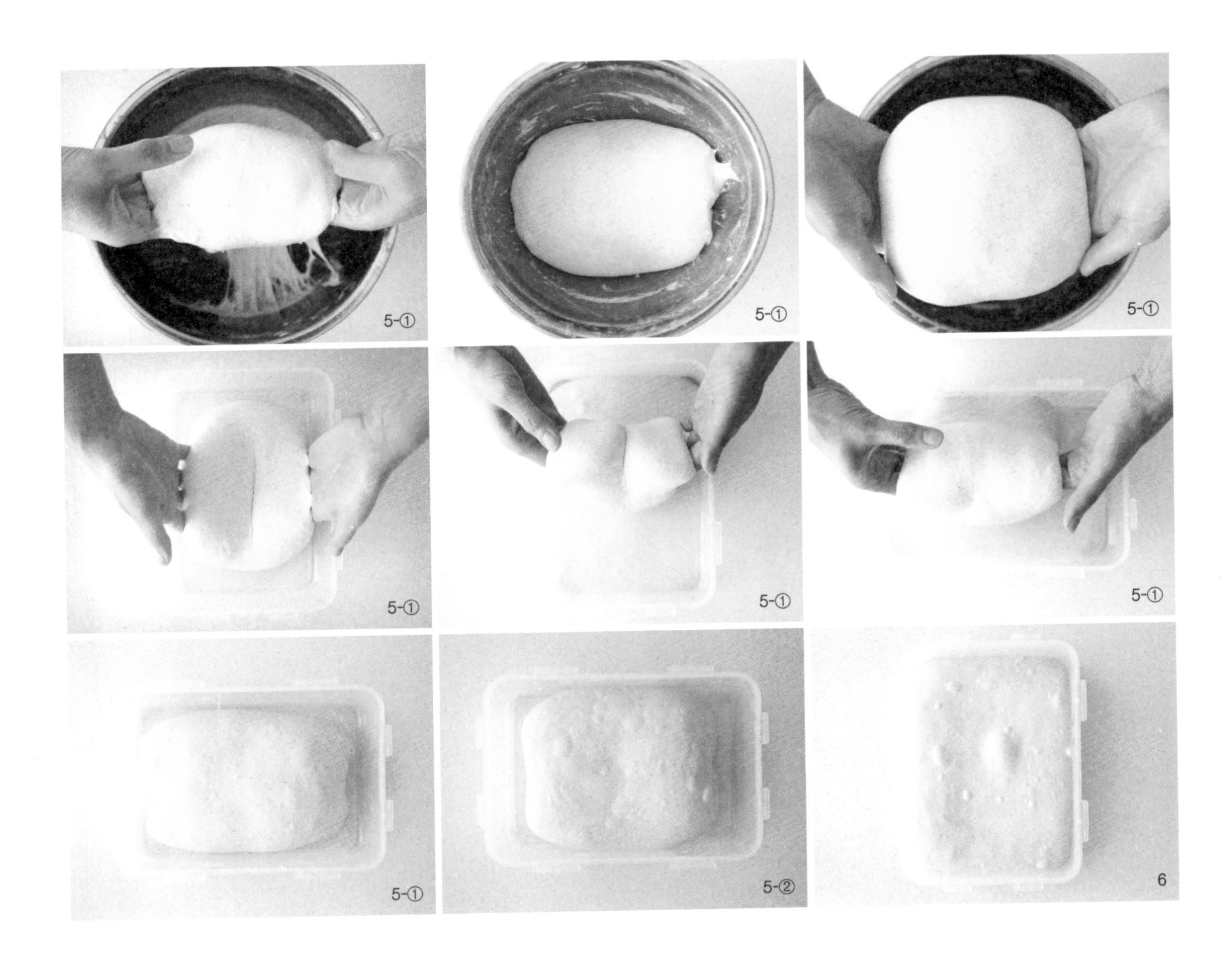
5-① 5-① 5-①
5-① 5-① 5-①
5-① 5-② 6

### 7. 분할, 성형

① 반죽 위에 덧가루를 충분히 뿌리고 스크래퍼로 발효통과 반죽을 분리한다. 발효통을 엎어 반죽 모양 그대로 작업대 위로 떨어뜨린다.

② 반죽에 덧가루를 뿌리고 기포가 빠지지 않도록 살살 늘려 가로 30cm, 세로 24cm로 모양을 잡아 준다. 가로 10cm, 세로 12cm로 여섯 개로 분할한다.

⊕ 치아바타는 특별한 성형이 없다. 분할이 곧 성형이다.

③ 분할한 반죽은 덧가루를 고루 묻혀 반죽의 위아래를 뒤집지 않고 그대로 캔버스 천 위에 올린다.

### 8. 2차 발효

25~26℃에서 30분간 발효한다. 반죽이 살짝 부풀고 부드러워지면 2차 발효가 완료된 것이다.

⊕ 치아바타는 수분율이 높고 타이트한 성형 없이 납작한 모습 그대로 두기 때문에 2차 발효가 길지 않다. 따라서 1차 발효를 충분히 하는 것이 중요하다.

7-① 7-② 7-② 7-③ 8

### 9. 패닝

2차 발효를 마친 반죽의 아랫면이 위로 오도록 뒤집어 패닝 한다.

### 10. 굽기

**컨벡션 오븐**

① 최고 온도로 1시간 정도 예열한다. 이때 돌이나 스테인리스 제품을 넣은 팬을 함께 예열한다. 예열한 돌판 위에 반죽을 올리고 뜨거운 물 50~70g 정도를 스팀용 팬에 붓는다.

② 오븐을 6분간 끈다. 컨벡션 오븐은 뜨거운 바람을 일으켜 오븐 온도를 유지한다.

③ 반죽을 오븐에 넣고 처음 몇 분간 오븐을 꺼두면 반죽이 직접적으로 바람을 맞지 않아 오븐스프링이 잘 일어날 수 있다.

④ 문을 열어 남아 있는 스팀을 빼주고 250℃로 5~8분간 원하는 색이 나도록 굽는다.

**데크 오븐**

① 아랫불 260℃, 윗불 260℃로 예열한다.

② 반죽을 넣고 스팀 450g(4초)를 넣어 8분간 굽는다. 오븐 댐퍼를 열어 윗불을 270℃로 올려 6~10분간 더 굽는다.

치아바타는 취향과 용도에 따라 색을 진하게 구울 수도 연하게 구울 수도 있다. 굽는 온도는 각각의 오븐 사양에 따라 달라질 수 있다.

# 바게트

사워도우 바게트는 제가 3년 전부터 손반죽으로 만들어 먹던 빵입니다. 맛이 가벼운 이스트 바게트와는 완전히 다른 짙은 풍미를 가지고 있지요. 손반죽으로 어렵지 않게 만들어 먹던 것인데 기계 반죽으로 바꾸면서 전과 같은 맛과 식감이 나지 않아 어려움이 있었습니다. 여러 밀가루를 다양한 방법으로 테스트한 것 중 가장 편안하게 맛있게 나오는 방법을 실었습니다. 안 그래도 어렵다 느끼는 바게트를 이스트도 없이 만들려니 선뜻 내키지 않을 수도 있습니다. 하지만 이것도 1차 발효만 잘하면 맛은 보장됩니다. 갓 구워내 쓱쓱 썰어 바삭하게 깨지는 껍질을 한 번 맛보면 계속 만들 수밖에 없을 거예요.

**전체 과정(1차 저온법)**

**오토리즈**
1시간
↙
**믹싱**
1단 3분, 2단 3분
반죽 목표 온도 24℃
↙
**1차 발효**
25~26℃ 3시간, 냉장 12~17시간
↙
**분할**
330g
↙
**휴지**
40~50분
↙
**성형**
바게트 성형
↙
**2차 발효**
25~26℃, 습도 60~70% 60분
↙
**굽기**
컨벡션 오븐 최고 온도 예열
스팀 넣고 6분간 끄고 230~240℃
12~14분

**재료(330g×6개 분량)**

**본 반죽**
밀가루(물비(Moul-Bie) 트레디션 T65) 1,000g(100%)
르방 300g(30%)
물 654g(65.4%)
소금 20g(2%)

**만드는 방법**

**1. 르방 리프레시**

잠자고 있던 르방이라면 여러 번 리프레시 하여 활기찬 상태로 깨워 준다.

⊕ 르방 리프레시 - 154쪽

**2. 오토리즈**

① 반죽기에 물과 르방을 넣고 덩어리가 없도록 잘 풀어 준다.

② 밀가루를 모두 넣고 날가루가 없도록 1단에서 1~2분간 믹싱한다. 1시간 오토리즈 한다.

⊕ 여름에는 냉장고에서 오토리즈 해도 좋다.

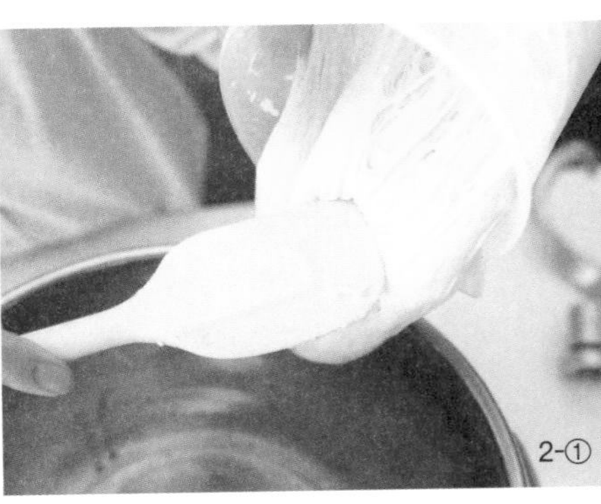

2-①

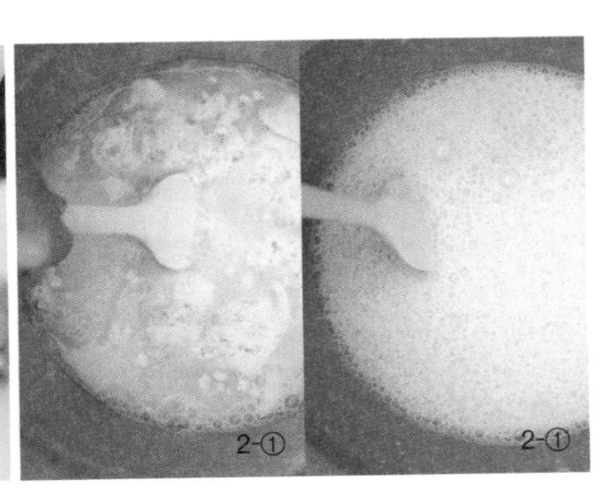

2-① 2-①

### 3. 믹싱

① 오토리즈 한 반죽에 소금을 넣고 1단에서 3분, 2단에서 3분동안 표면이 매끄럽고 윤기가 나도록 믹싱한다.

② 반죽 목표 온도는 24℃이다.

### 4. 1차 발효

① 발효통에 오일을 바르고 반죽을 넣어 25~26℃에서 3시간가량 더 발효한다.

② 실온 발효한 반죽을 3~5℃ 냉장고에서 12~17시간 저온 발효한다.

### 5. 실온화

반죽을 냉장고에서 꺼내 20~30분간 실온화 한다.

⊕ 계절에 따라 실온화 시간을 조절할 수 있다.

3-① 3-① 3-① 3-② 5 6-① 6-② 6-③ 7-①

**6. 분할**

① 반죽 위에 덧가루를 뿌린 후 스크래퍼로 발효통과 반죽을 분리한다.

② 발효통을 엎어 반죽 모양 그대로 작업대 위로 떨어지게 한다.

③ 반죽에 덧가루를 뿌리고 가볍게 눌러 반듯한 사각형으로 모양을 잡아 준다. 되도록 사각 모양을 살려 320~330g으로 분할한다.

**7. 가성형**

① 분할한 반죽의 윗부분을 3분의 1 정도 내려 접는다.

② 반죽을 180° 돌려 3분의 1을 내려 접는다.

③ 반죽의 끝과 끝이 서로 붙도록 반을 접어 바타르 모양으로 가성형 한다.

가성형 할 때 두께와 모양이 일정해야 이후 성형할 때도 일정하게 만들 수 있다.

**8. 휴지**

40분간 휴지한다.

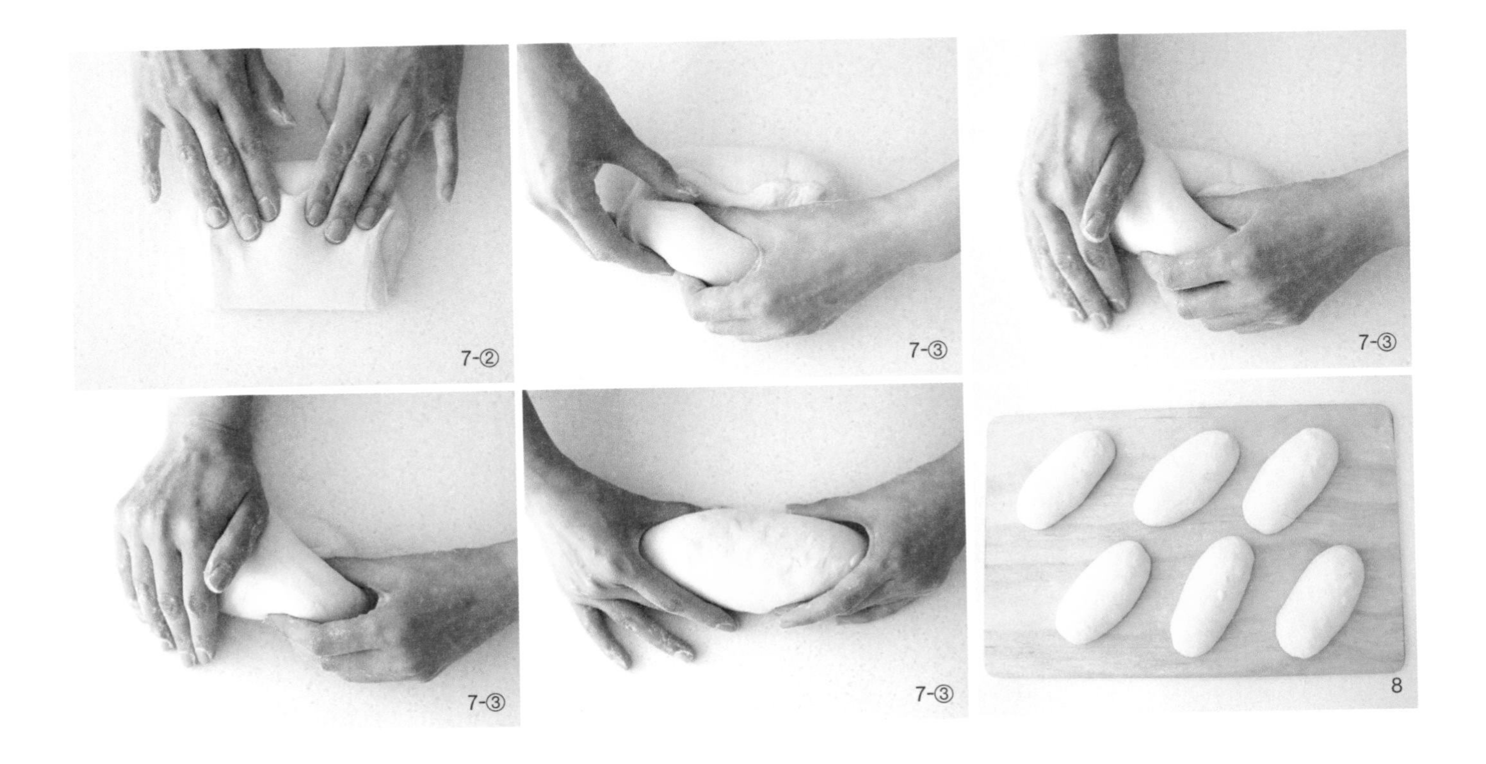

7-② 7-③ 7-③ 7-③ 7-③ 8

**9. 성형**

① 반죽을 가볍게 늘려 25~30㎝ 길이가 되도록 한다.

② 반죽의 3분의 1을 내려 접는다.

③ 반죽을 180° 돌려 3분의 1을 내려 접는다. 과정 중간에 반죽을 한 번씩 들었다 놓으며 길이를 늘여 준다.

⊕ 사워도우 바게트는 가벼운 식감을 위해 최대한 가스를 빼지 않는다. 성형 중에 생기는 큰 기포만 정리한다.

④ 한 손의 엄지와 검지로 반죽을 확실히 접고 다른 손으로는 반죽이 서로 잘 붙도록 가볍게 눌러 준다.

⊕ 이음매를 붙이기 위해 반죽 표면을 찢지 않는다.

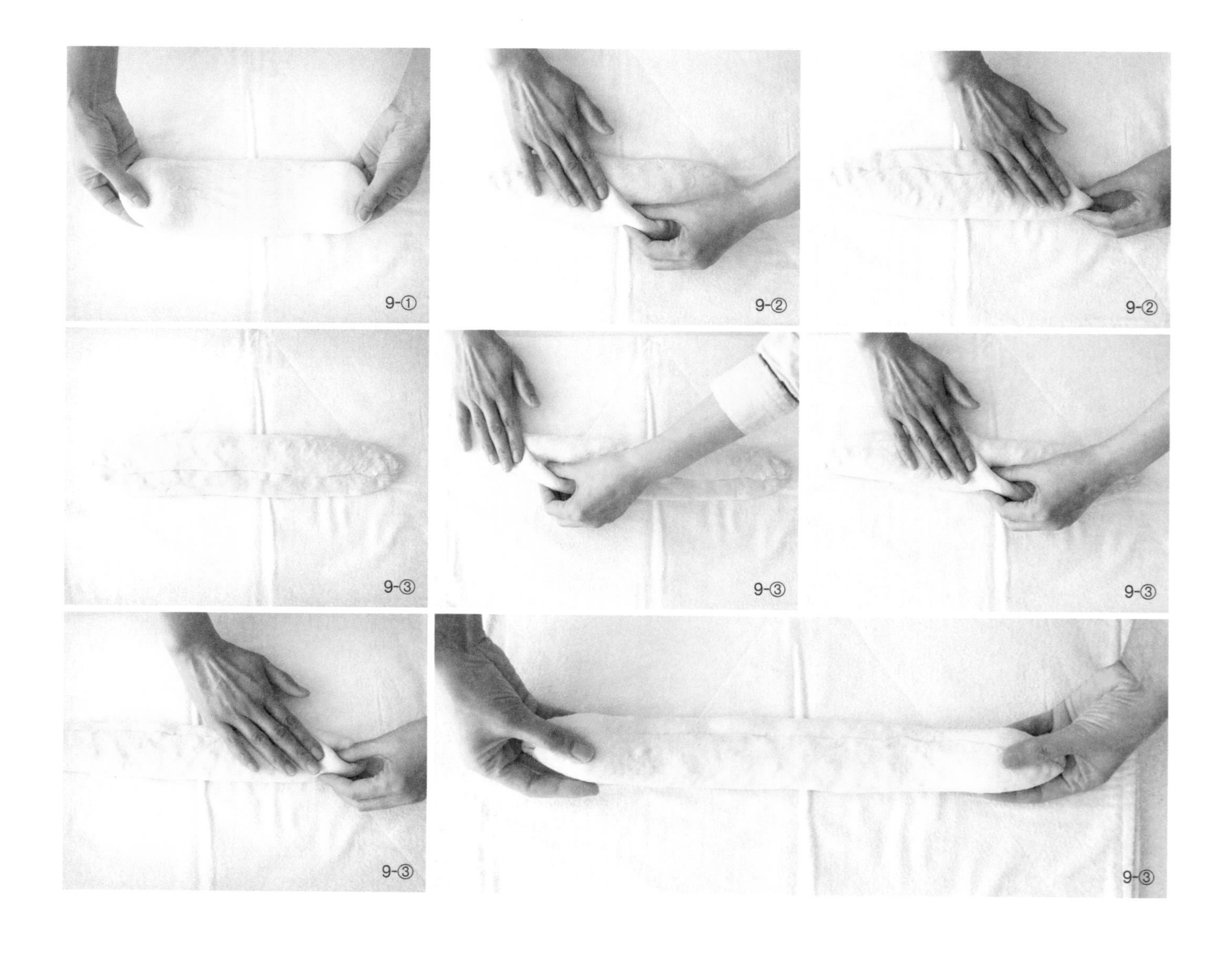

⑤ 반죽을 양손으로 살살 굴려 두께를 일정하게 맞추고 길이가 40~42㎝가 되도록 한다.

✪ 컨벡션 오븐에 구울 때는 38㎝ 정도로 맞춘다. 사워도우 바게트는 상업용 이스트로 만든 바게트에 비해 볼륨이 작다. 반죽의 표면에 긴장감이 있도록 하되 너무 가늘지 않도록 성형한다.

⑥ 캔버스 천 위에 이음매가 위로 오도록 반죽을 놓는다.

**10. 2차 발효**

25~26℃에서 50~60분 정도 발효한다.

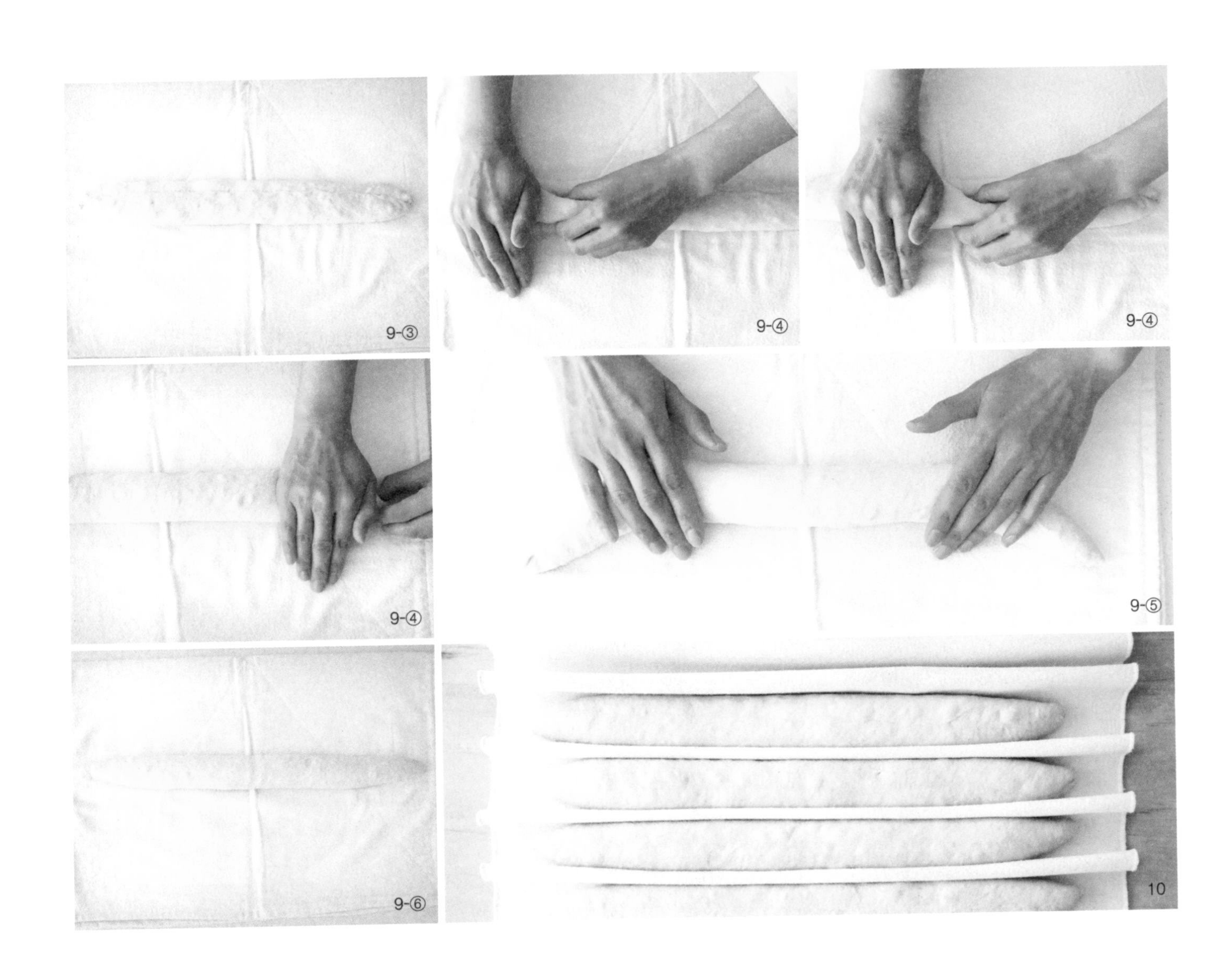

### 11. 패닝

바게트 로더를 이용해 이음매가 아래로 오도록 패닝 한다.

### 12. 쿠프 내기

쿠프용 나이프로 한 줄 혹은 여러 개의 칼집을 낸다. 이때 칼집은 반죽의 맨 끝에서 반대쪽 끝까지 내고 수직이 아닌 사선으로 칼을 눕혀 반죽 중앙에 넣는다.

### 13. 굽기

컨벡션 오븐

① 최고 온도로 1시간 정도 예열한 돌판 위에 반죽을 올리고 뜨거운 물 50~70g 정도를 스팀용 팬에 붓는다.

예열할 때 팬에 돌이나 스테인리스 제품을 넣고 함께 예열한다.

② 오븐을 6분간 끄고 오븐스프링이 끝나면 문을 열어 남아 있는 스팀을 빼준다. 오븐을 230~240℃로 켜고 12~14분간 굽는다.

오븐을 끄고 구우면 끄지 않고 굽는 것보다 껍질이 얇다. 굽는 온도는 각각의 오븐 사양에 따라 달라질 수 있다.

11-1 12-1 11-2 12-2

**데크 오븐**

① 아랫불 250℃, 윗불 250℃로 예열한다.

② 반죽을 넣고 스팀 450g(4초) 넣어 8분간 굽는다. 오븐 댐퍼를 열고 윗불을 260℃로 올려 13분간 더 굽는다

⊕ 굽는 온도는 각각의 오븐 사양에 따라 달라질 수 있다.

13-①

13-②

# 루스틱

통밀과 호밀을 넉넉히 넣어 투박하게 굽는 루스틱은 1kg 이상의 커다란 크기로 구워 한 번 만들어 두면 두루 활용하기 좋습니다. 믹싱이나 성형이 까다롭지 않고 믹싱기 없이 손반죽으로도 충분히 만들 수 있어요. 사워도우의 특징인 신맛은 희미하지만, 구수하고 달콤한 맛에 모양도 멋들어져 개인적으로 즐겨 먹는 빵입니다.

**전체 과정(1차 저온법)**

**오토리즈**
30분
↓
**믹싱**
1단 1~2분, 반죽 목표 온도 24℃
↓
**1차 발효**
25~26℃ 2시간 40분~3시간
냉장 10~15시간
↓
**성형**
루스틱 성형
↓
**2차 발효**
25~26℃, 습도 60~70% 50분
↓
**굽기**
컨벡션 오븐 최고 온도 예열
스팀 넣고 8분간 끄고
230℃ 17~20분

**재료(1,100g 1개 분량)**

**본 반죽**
밀가루(물비(Moul-Bie) 트레디션 T65) 375g(75%)
통밀(허틀랜드 통밀가루) 100g(20%)
호밀 가루(밥스레드밀 다크 라이) 25g(5%)
르방 230g(46%)
물 370g(74%)
소금 10.5g(2.1%)

**만드는 방법**

**1. 르방 리프레시**

잠자고 있던 르방이라면 여러 번 리프레시 하여 활기찬 상태로 깨워 준다.

르방 리프레시 - 154쪽

**2. 오토리즈**

① 반죽기에 물과 르방을 덩어리가 없도록 잘 풀어준다.

② 밀가루를 모두 넣고 날가루가 없도록 1단 1분 믹싱한다.

③ 30분간 오토리즈 한다.

**3. 믹싱**

① 오토리즈 한 반죽에 소금을 넣고 1단으로 1~2분 정도 섞어준다.

② 믹싱 시간이 짧으므로 중간에 반죽을 한 번 뒤집어 주어 소금이 잘 섞이도록 한다.

소금이 섞이기만 하면 되니 길게 믹싱하지 않는다. 손반죽도 가능하다.

③ 반죽 목표 온도는 24℃이다.

**4. 1차 발효, 접기**

① 1시간 발효한 후에 한 방향으로 돌돌 말아 접고 반죽을 90° 돌려놓는다.

② 1시간 후에 같은 방법으로 한 번 더 말아 접고 90° 돌려놓는다.

⊕ 1차 발효는 25~26℃에서 르방을 넣고 총 2시간 40분~3시간 정도 소요된다. 단, 르방의 상태에 따라 발효 시간은 조금씩 다를 수 있다.

③ 실온 발효한 반죽을 3~5℃ 냉장고에서 10~15시간 저온 발효한다.

⊕ 이 레시피는 저온 발효가 너무 길어지면 신맛이 두드러질 수도 있다.

**5. 실온화**

냉장고의 반죽을 꺼내 30~40분간 실온화 한다.

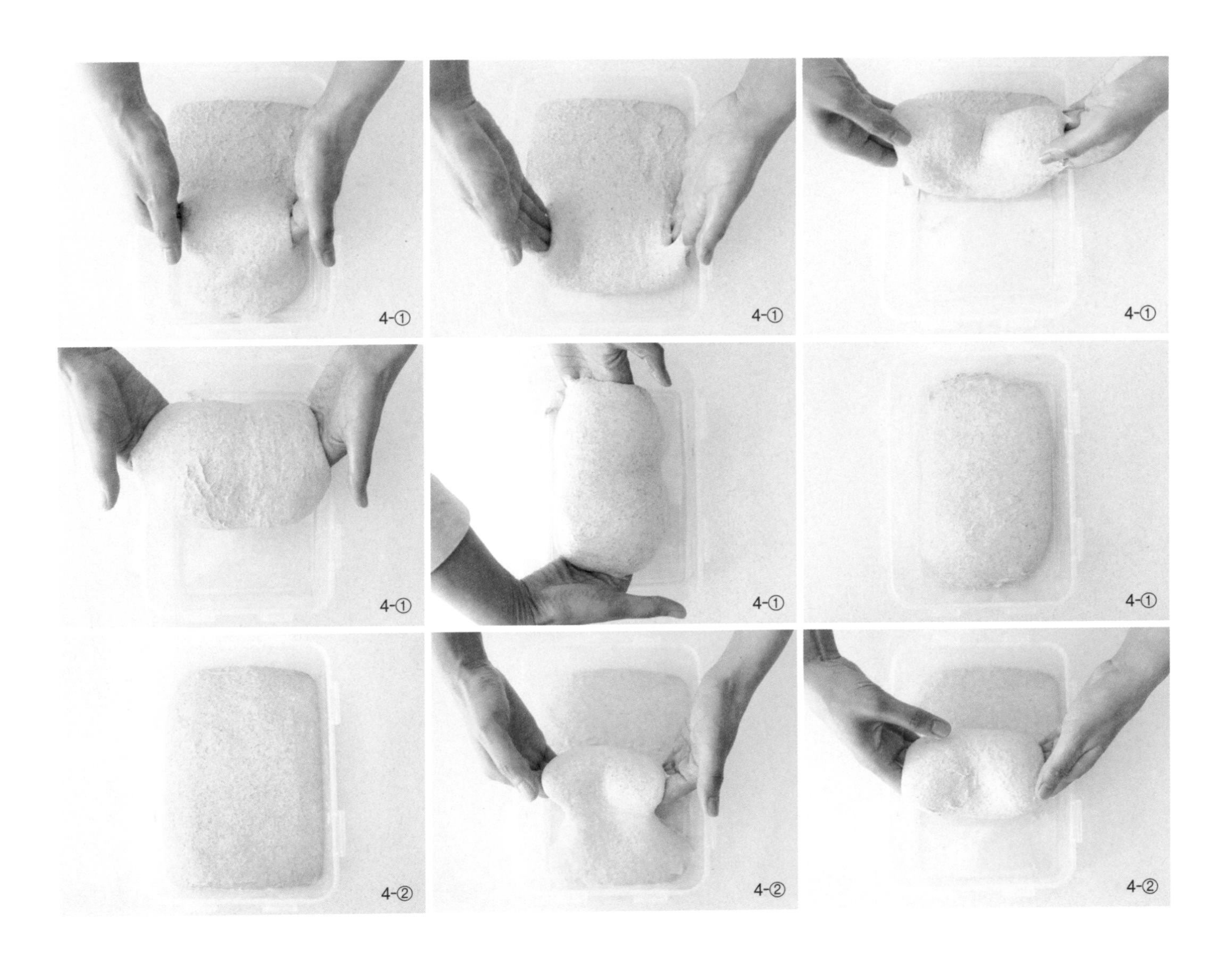

### 6. 성형

① 반죽 위에 덧가루를 충분히 뿌리고 스크래퍼로 발효통과 반죽을 분리한다.

② 발효통을 엎어 반죽 모양 그대로 작업대 위로 떨어지게 한다.

③ 반죽에 얇게 덧가루를 뿌리고 최대한 가스가 빠지지 않도록 가로 35㎝, 세로 25㎝ 정도가 되도록 늘려준다.

④ 반죽의 3분의 1을 접고 반대편도 접어 올린다.

⑤ 캔버스 천 위에 덧가루를 충분히 뿌리고 이음매가 아래로 가도록 놓는다.

⑥ 반죽의 가스가 빠지지 않도록 주의하면서 가로 14㎝, 세로 30㎝ 정도가 되도록 모양을 잡는다.

통통하고 볼륨 있도록 성형한다. 너무 납작하면 속이 적어지고 껍질의 비중이 높아진다.

### 7. 2차 발효

① 25~26℃에서 50분간 발효한다.

② 반죽이 살짝 부풀고 손으로 눌러 자국이 남는지 확인하여 2차 발효 완료를 판단한다.

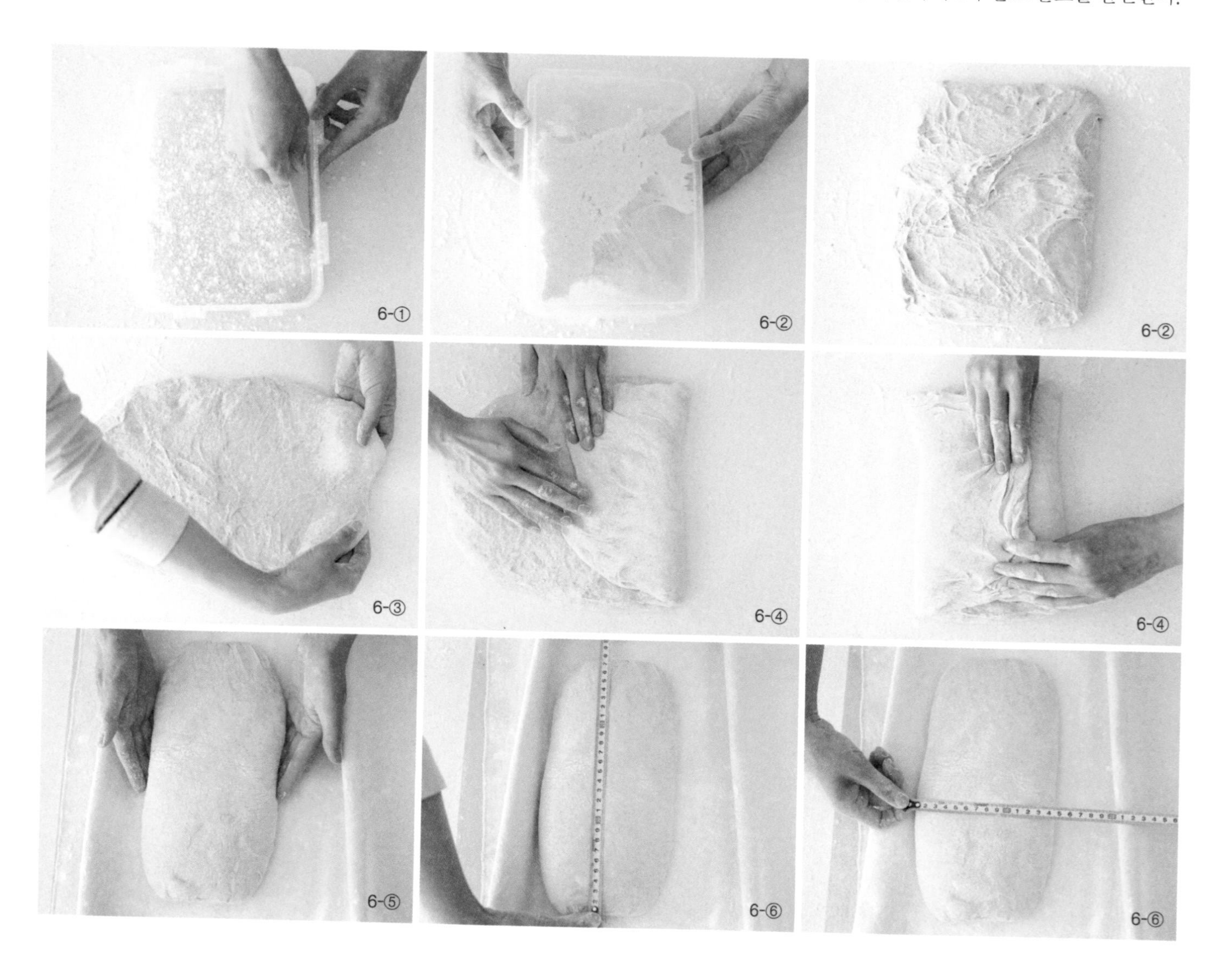
6-① 6-② 6-② 6-③ 6-④ 6-④ 6-⑤ 6-⑥ 6-⑥

**8. 패닝**

2차 발효를 마친 반죽의 아랫면이 위로 오도록 뒤집어 패닝 한다.

**9. 굽기**

**컨벡션 오븐**

① 최고 온도로 1시간 정도 예열한 돌판 위에 반죽을 올리고 뜨거운 물 100g 정도를 스팀용 팬에 붓는다.

⊕ 돌이나 스테인리스 제품을 넣은 팬을 함께 예열한다.

② 오븐을 8분간 끈다.

③ 문을 열어 남아 있는 스팀을 빼주고 230℃로 17~20분간 색이 충분히 나도록 굽는다.

**데크 오븐**

아랫불 260℃, 윗불 260℃로 예열한다. 반죽 넣고 스팀 450g(4초) 넣어 8분간 굽고 오븐 댐퍼를 열어 17~20분간 더 굽는다.

⊕ 굽는 온도는 각각의 오븐 사양에 따라 달라질 수 있다.

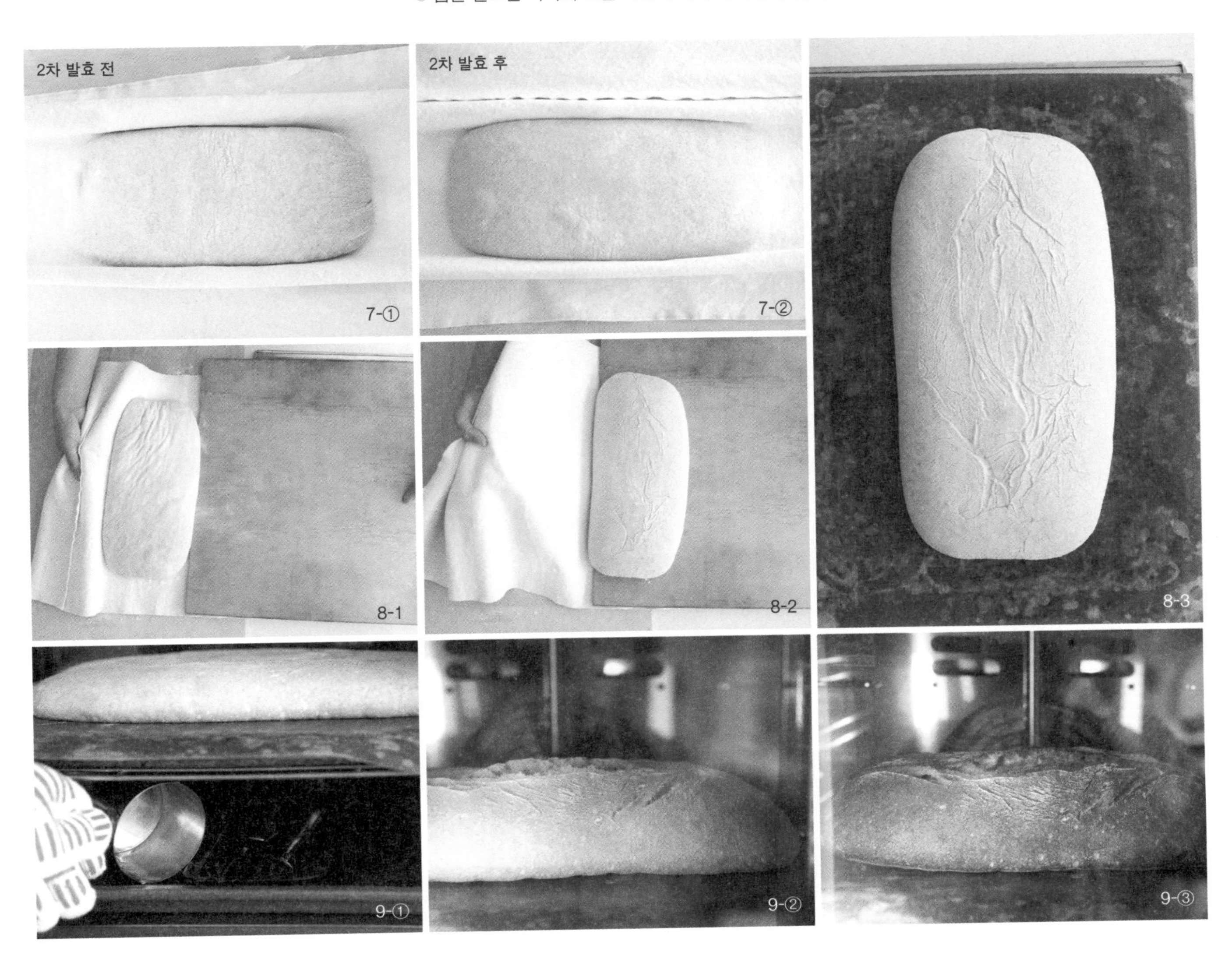

# 베이글

사워도우 베이글과 전통적인 베이글은 둘 다 쫀득하고 쫄깃한 식감을 가진다는 점에서 서로 비슷한것 같지만 만들어지기까지의 과정은 아주 상이합니다. 전통적인 베이글이 발효를 짧게 하고 여분의 글루텐을 첨가하여 쫄깃한 식감을 살린다면 사워도우 베이글은 발효가 길고 사워도우가 가진 특성을 활용해 쫀득한 식감을 살립니다. 내용과 과정은 전혀 다른 두 베이글이지만 결과물은 비슷하게 베이글만의 특징이 살아나는 점이 재미있습니다.

**전체 과정(1차 저온법)**

**사전 반죽**
27~28℃ 6~7시간

**믹싱**
1단 6분, 2단 5분
반죽 목표 온도 26℃

↓

**1차 발효**
25~26℃ 4시간, 냉장 12~17시간

↓

**분할**
130g

↓

**휴지**
30분

↓

**성형**
베이글 성형

↓

**2차 발효**
25~26℃, 습도 60~70%
1시간 30분~40분

↓

**데치기**
1분

↓

**굽기**
컨벡션 오븐 230℃ 예열
210℃에 스팀 넣고 16~17분

**재료(130g×16개 분량)**

**사전 반죽**
스타터 110g(67%)
물 100g(63%)
설탕 30g(19%)
밀가루(맥선 유기농 강력분) 160g(100%)

**본 반죽**
밀가루(맥선 유기농 강력분) 900g(90%)
통밀 가루(T150) 100g(10%)
사전 반죽 전량
물 630g(63%)
설탕 40g(4%)
소금 22g(2.2%)
버터 60g(6%)

**데침용**
물 1,000g
꿀 60g

만드는 방법

### 1. 사전 반죽 준비

① 르방 스타터는 미리 리프레시 해 활력 있는 상태로 사용한다(르방 리프레시: 154쪽).

② 리프레시 한 스타터에 설탕과 물을 넣고 덩어리가 없도록 잘 풀어 준다.

③ 밀가루를 넣고 날가루가 없도록 섞는다.

④ 27~28℃에서 발효한다. 피크까지 6~7시간 정도 소요된다. 부피는 4배까지 커지는데, 맛을 보면 밀가루의 텁텁함은 모두 사라지고 새콤달콤하며 맛이 좋은 상태이다.

### 2. 믹싱

① 사전 반죽과 모든 재료를 1단에서 6분, 2단에서 5분간 믹싱한다.

② 사전 반죽 온도가 높으니 여름에는 모든 재료를 냉장고에 냉각하여 믹싱한다. 믹싱이 부족하면 이음매가 다 터진 베이글이 나올 수 있으므로 반죽이 찢어지지 않고 매끄럽게 늘어나도록 충분히 믹싱한다.

③ 반죽 목표 온도는 26℃이다.

### 3. 1차 발효

25~26℃에서 4시간 정도 발효하고 3~5℃ 정도의 냉장고에서 12~17시간 동안 저온 발효한다.

### 4. 실온화

반죽을 냉장고에서 꺼내 30분간 실온화 한다.

### 5. 분할, 휴지

130g으로 분할하여 둥글리기(43쪽) 하고 30분간 휴지한다.

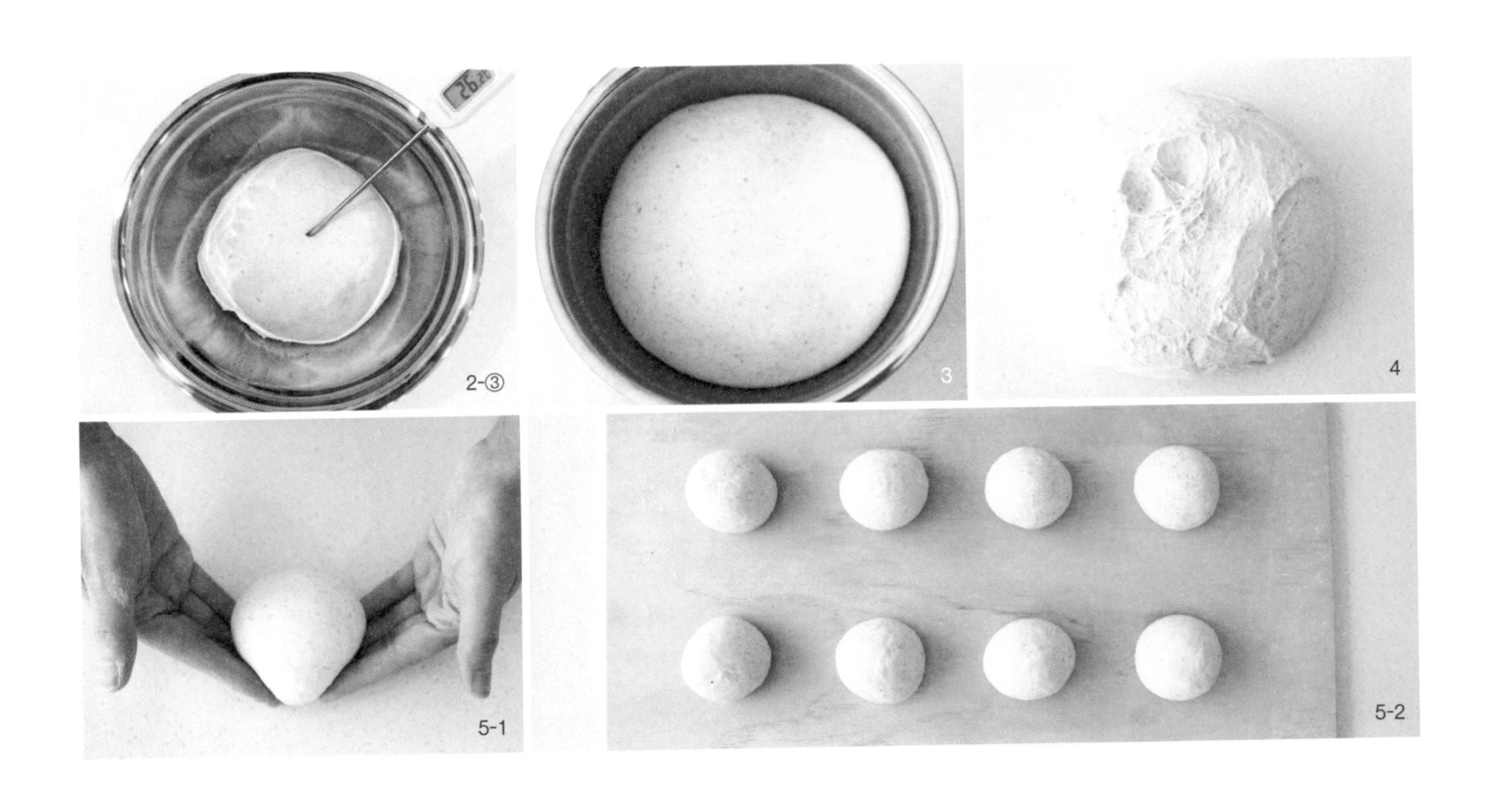

**6. 성형**

① 밀대를 사용하여 가스를 빼고 길게 3겹으로 접어 이음매를 단단히 붙인다(52쪽).

② 반죽의 이음매가 위로 오도록 놓고 한쪽 끝을 넓게 벌려 편다.

③ 넓게 편 반죽으로 반대편 반죽을 감싸 단단히 꼬집는다.

**7. 2차 발효**

표면이 마르지 않도록 25~26℃에서 1시간 30~40분 정도 2차 발효한다.

⊕ 이때 이후 과정에서 필요한 반죽 데칠 물을 준비한다.

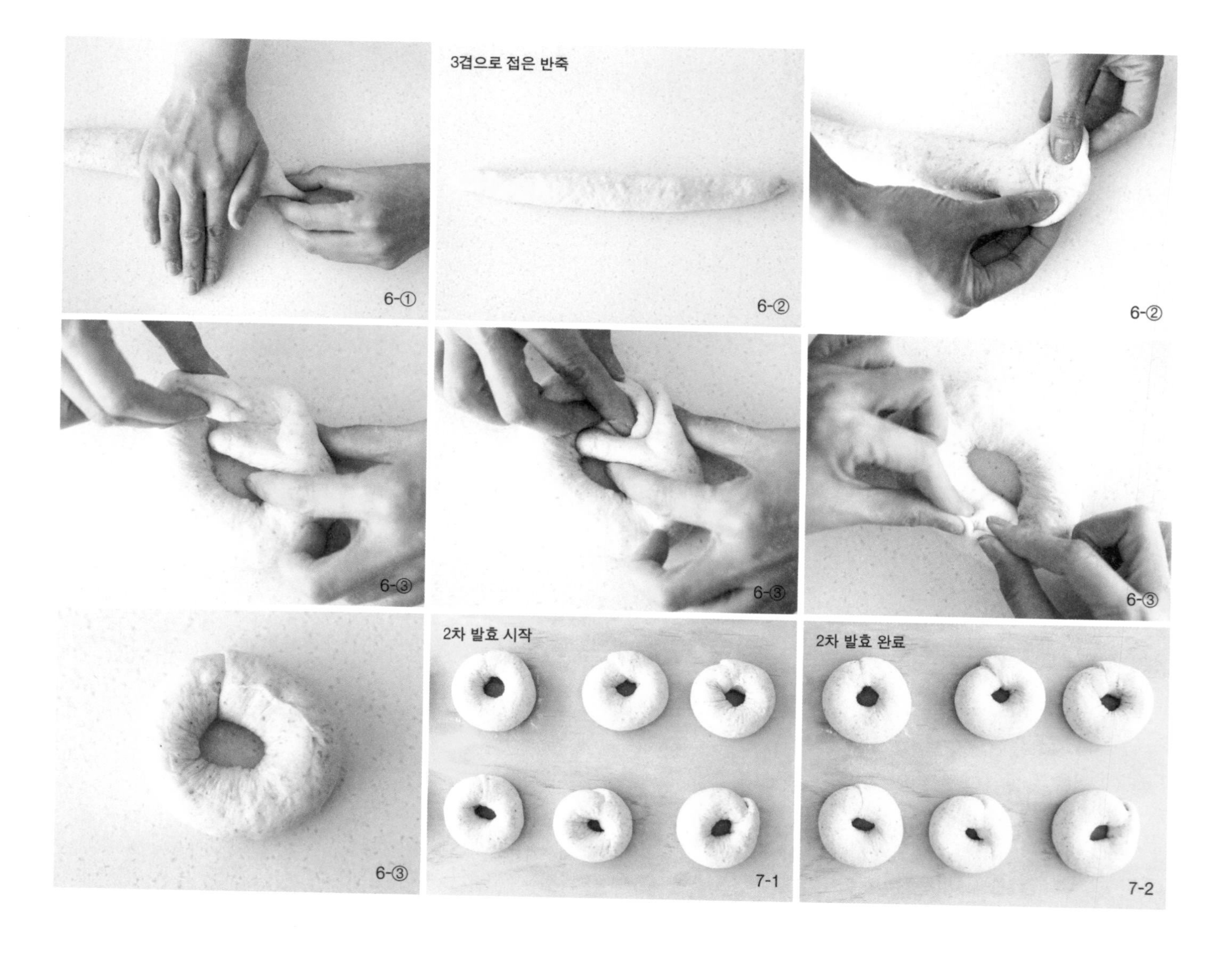

**8. 데치기**

꿀을 넣고 물을 끓여 발효가 완료된 반죽을 앞뒤로 30초씩 데친다.

**9. 굽기**

**컨벡션 오븐**

230℃로 예열하고 210℃로 낮춰 스팀을 넣고 16~17분간 굽는다.

**데크 오븐**

아랫불 190℃, 윗불 250℃에서 18~20분간 굽는다.

굽는 온도는 각각의 오븐 사양에 따라 달라질 수 있다.

# 블루베리 베이글

블루베리는 특별한 향이나 맛이 있는 과일은 아니에요. 그런데 이상하게 블루베리를 베이글에 넣으면 빵이 이렇게 향긋해질 수가 없어요. 푸른 듯 붉은 색감도 예쁘고요. 건 블루베리를 넣어 질척해진 반죽을 예쁘게 성형하기란 만만치 않은 작업이지만 크게 개의치 않아요. 울퉁불퉁 못나도 손은 계속 블루베리 베이글 쪽으로 향하지요.

**전체 과정(1차 저온법)**

**충전물**
전날 전처리
↙
**사전 반죽**
27~28℃ 6~7시간
↙
**믹싱**
1단 6분, 2단 4분, 1단 2분
반죽 목표 온도 26℃
↙
**1차 발효**
25~26℃ 4시간, 냉장 12~17시간
↙
**분할**
140g
↙
**휴지**
30분
↙
**성형**
베이글 성형
↙
**2차 발효**
25~26℃, 습도 60~70% 1시간 30분~40분
↙
**데치기**
1분
↙
**굽기**
컨벡션 오븐 230℃ 예열
210℃에 스팀 넣고 16~17분

**재료(140g×16개 분량)**

**사전 반죽**
스타터 110g(67%)
물 100g(63%)
설탕 30g(19%)
밀가루(맥선 유기농 강력분) 160g(100%)

**본 반죽**
밀가루(맥선 유기농 강력분) 1,000g(100%)
사전 반죽 전량
물 440g(44%)
냉동 블루베리 200g(20%)
설탕 30g(3%)
소금 22g(2.2%)
버터 60g(6%)

**충전용**
건 블루베리 120g(12%)
전처리용 물 40g(4%)

**데침용**
물 1,000g
꿀 60g

만드는 방법

### 1. 블루베리 전처리

건 블루베리는 깨끗이 씻고 물기를 뺀 다음 2~3조각으로 잘라 전처리용 물과 미리 섞어 하루 둔다. 냉동 블루베리는 씻어 물기를 빼둔다.

### 2. 사전 반죽 준비

① 르방 스타터는 리프레시 해 활력 있는 상태로 사용한다(르방 리프레시: 154쪽).

② 리프레시 한 스타터에 설탕과 물을 넣고 덩어리가 없도록 잘 풀어 준다.

③ 밀가루를 넣고 날가루가 없도록 섞는다.

④ 27~28℃에서 발효한다. 피크까지 6~7시간 정도 소요된다. 부피는 네 배까지 커지는데, 맛을 보면 밀가루의 텁텁함은 모두 사라지고 새콤달콤하며 맛이 좋은 상태이다.

1 2-① 2-② 2-③ 2-③ 3-① 2-④ 2-④

### 3. 믹싱

① 건 블루베리를 제외한 재료를 모두 넣고 1단에서 6분, 2단에서 4분간 믹싱한다.

② 불린 건 블루베리를 넣고 1단으로 잘 섞일 때까지 믹싱한다. 2분 정도 소요된다.

③ 반죽 목표 온도는 26℃이다. 사전 반죽 온도가 높으니 여름에는 모든 재료를 냉장고에 냉각하여 사용한다.

### 4. 1차 발효

25~26℃에서 4시간 발효하고 3~5℃의 냉장고에서 12~17시간 저온 발효한다.

### 5. 실온화

반죽을 냉장고에서 꺼내 30분간 실온화 한다.

### 6. 분할, 휴지

140g으로 분할하여 원통형으로 가성형 하여 30분간 휴지한다.

**7. 성형**

① 밀대를 사용하여 가스를 빼주고 3절 접어 이음매를 단단히 붙인다(53쪽).
② 이음매가 위로 오도록 놓고 반죽의 한 쪽 끝은 반죽을 넓게 벌려 편다.
③ 넓게 편 반죽으로 반대편 반죽을 감싸 단단히 꼬집는다.

**8. 2차 발효**

표면이 마르지 않도록 25~26℃에서 1시간 30~40분 정도 2차 발효한다.
⊕ 이때 이후 과정에서 필요한 반죽 데칠 물을 준비한다.

**9. 데치기**

발효가 완료된 반죽을 끓는 물에 앞뒤로 30초씩 데친다.

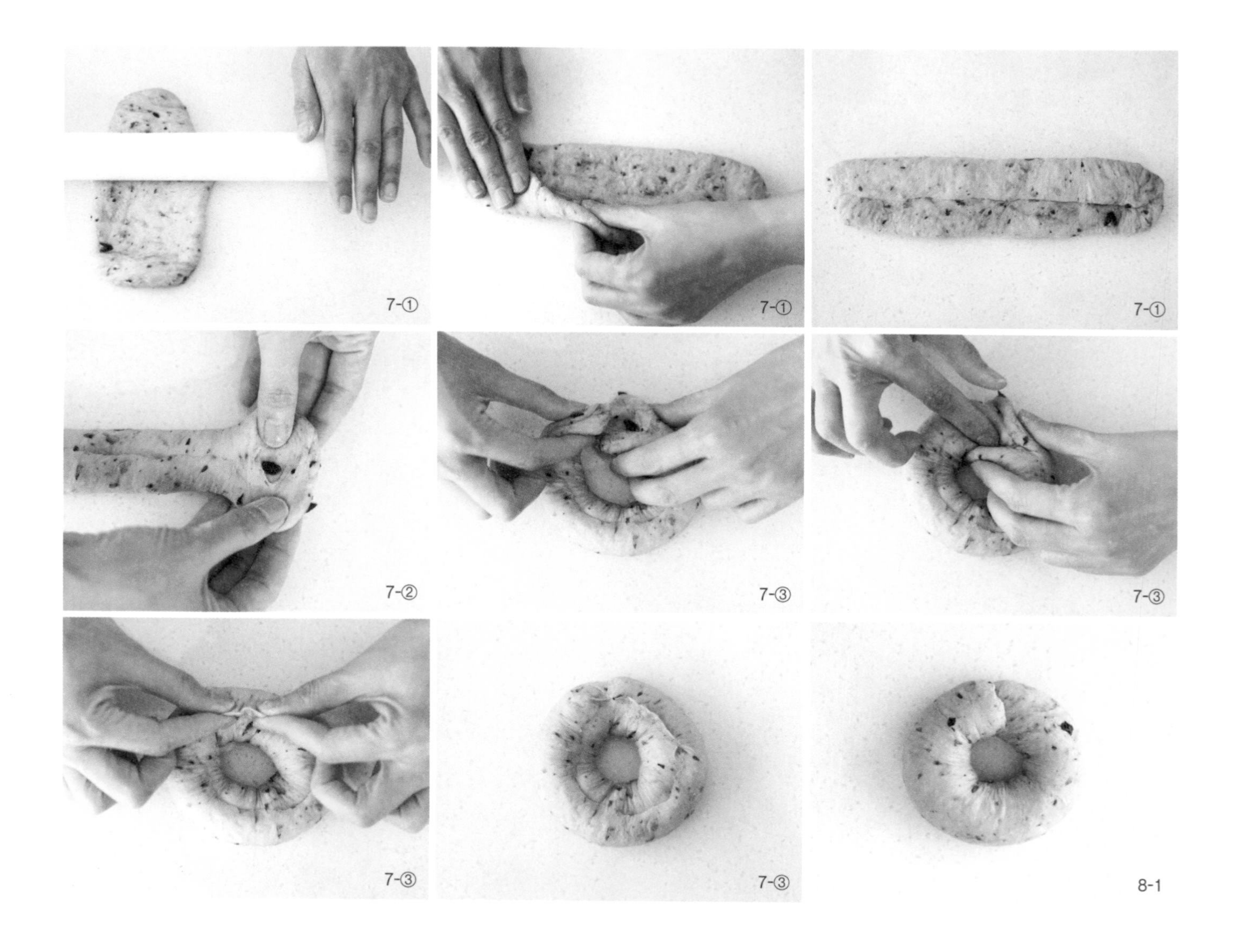

### 10. 굽기

#### 컨벡션 오븐

230℃로 예열하고 210℃로 낮춰 16~17분간 굽는다.

#### 데크 오븐

아랫불 190℃, 윗불 250℃에서 18~20분간 굽는다.

⊕ 굽는 온도는 각각의 오븐 사양에 따라 달라질 수 있다.

# 크레페

르방으로 팬케이크도 많이 만들어 먹는데 여기서는 크레페를 소개합니다. 요즘 크레페 전문점이 많이 보이기도 하고, 팬케이크처럼 다양한 음식과 곁들임이 쉬워 활용도가 높습니다. 어떤 재료를 곁들이냐에 따라 디저트가 될 수도 있고 식사가 될 수도 있습니다. 다양하게 응용해 보세요.

**전체 과정**

**사전 반죽**
24~26℃ 4~5시간 숙성
↙
**믹싱**
휘퍼로 섞기
↙
**굽기**
중불 2~3분

**재료**

**사전 반죽**

스타터 50g
물 100g
앉은뱅이 밀 100g

**본 반죽**

사전 반죽 전량
우유 180g
달걀 110g
설탕 20g
분유 14g
소금 2g
바닐라 익스트랙(Vanilla Extract) 2g(옵션)
녹인 버터 40g

**만드는 방법**

### 1. 사전 반죽

① 스타터와 물, 앉은뱅이 밀 르방을 잘 섞어 실온에 발효한다.

② 키가 두 배가 조금 넘으면 발효가 완료된 것이다. 3시간~3시간 30분 정도 소요된다.

### 2. 섞기

① 바닐라 익스트랙, 르방, 녹인 버터를 제외하고 모든 재료를 휘퍼로 섞는다.

② 바닐라 익스트랙, 르방, 버터의 순서로 잘 섞는다.

우유와 달걀은 실온에 두었다 사용한다.

1-① 1-① 1-①

1-② 1-② 1-②

2-① 2-① 2-②

**3. 굽기**

중불에 팬을 충분히 달군 후 반죽을 넉넉히 붓고 팬을 한 바퀴 돌려 반죽을 고루 펴준다. 1~2분 정도 굽고 가장자리가 색이 나면 뒤집어 30초~1분 정도 더 굽는다.

CHAP
3

# 상업용 이스트 없이
# 호밀 르방을 사용한 빵

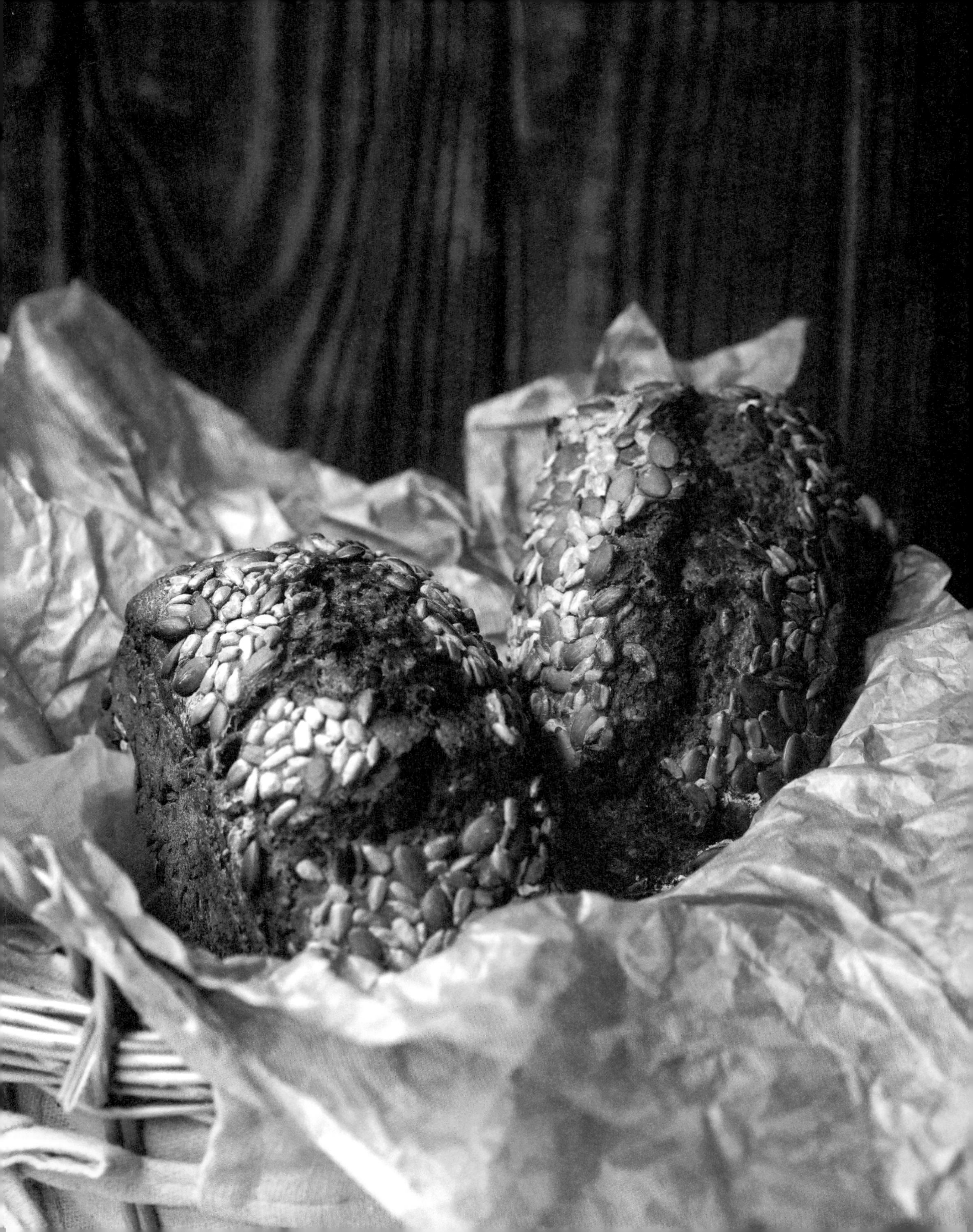

# 호밀빵을 굽기 전에 알아야 할 것들

## 1. 호밀 르방의 리프레시와 주의점

호밀 르방은 백밀 르방과 리프레시 비율이 다르다. 백밀보다 영양분이 많은 호밀은 먹이를 주는 비율이 높아야 한다. 호밀 르방은 적어도 1:10:10(㉑ 스타터2g:물20g:호밀가루20g), 보통은 1:20:20(㉑ 스타터2g:물40g:호밀가루40g) 혹은 그 이상의 비율로도 리프레시 한다. 이보다 낮은 비율로 먹이를 주면 발효가 빠르고 자칫 풍미가 나빠질 수 있다.

호밀 가루의 색이 진할수록 호밀 가루가 신선할수록 발효력이 좋다. 호밀 르방에는 너무 밝은 색의 호밀 가루를 쓰는 것보다 회분이 많은 진한 색의 가루를 쓰는 것이 좋다. 미네랄이 많을수록 발효력이 좋고 적합한 산도도 나온다. 호밀 르방에 먹이를 주는 용도는 다크 호밀이나 T130 정도가 알맞다.

가끔 호밀 르방이 시원하게 발효되지 않아 확인해 보면 어김없이 호밀 가루의 유통기한이 얼마 남지 않은 것이었다. 수확한 지 오래된 호밀은 유통기한이 지나지 않아도, 냉장 보관했다 하더라도 마찬가지이므로 쓰지 않는 것이 좋다.

## 2. 호밀의 믹싱

일반적인 빵은 밀 속에 함유된 글루테닌과 글리아딘이 결합하여 빵의 구조를 만들고 부풀린다. 호밀도 글루테닌과 유사한 글루텔린을 갖고 있지만, 다량 함유된 펜토산이라는 성분 때문에 빵의 구조를 만드는 글루텐의 결합이 어렵다. 글루텐은 물이 있어야 결합하는데 펜토산이 물을 끌어당기는 힘이 강해 호밀의 글루텐 생성을 방해하기 때문이다. 통곡물에 더 많이 함유된 펜토산은 다당류로 식물 섬유질 중 하나인데, 자신의 몇 배의 물을 끌어당겨 점성을 만들어 글루텐을 대신해 빵의 구조를 형성하고 가스를 가두는 역할을 하여 오븐스프링을 돕는다. 하지만 물리적인 힘에 약해 믹싱을 과하게 했을 때는 물을 잔뜩 머금은 펜토산이 분해되어 질척하고 끈적한 반죽이 돼버린다. 따라서 호밀의 믹싱은 짧고 부드러워야 한다. 길고 강한 믹싱으로 얻어지는 것이 없다.

### 3. 호밀과 산도(pH)

호밀빵의 식감이 끈적이지 않으려면 산도가 높은 사워도우가 필수이다. 호밀은 일반적인 밀보다 전분을 당으로 분해하는 효소인 아밀라아제가 많다. 글루텐이 부족한 호밀은 전분을 이용해 글루텐을 지닌 빵과 유사한 구조를 만드는 데 아밀라아제가 이 전분을 분해하면서 구조가 만들어지지 못하도록 방해하므로 끈적하고 무거운 빵이 된다. 산도가 높은 사워도우는 아밀라아제 효소의 활성을 억제해 빵의 구조가 안정화하는데 도움을 주어 빵의 식감을 좋게한다.

대부분 통곡물의 겉껍질에는 다량의 영양소와 함께 피트산이라는 성분이 있다. 피트산은 미네랄을 흡수하지 못하도록 소화를 방해한다. 이때 피트산의 활동을 방해하는 것이 소화효소인 피타아제이다. 사워도우의 산도는 피타아제를 활성화하여 영양소의 흡수를 용이하게 한다.

이처럼 사워도우를 사용하여 산도를 높인 호밀빵은 맛은 물론 식감이 좋아지고 영양적인 측면에서 유리할 뿐만 아니라 저장성도 좋아진다.

### 4. 호밀에 필요 없는 것

첫 번째는 오토리즈다. 글루텐이 만들어지지 않는 호밀에 오토리즈는 반죽의 힘을 약화할 뿐이다. 호밀이 일부 들어가는 반죽도 오토리즈는 주의해서 하는 것이 좋다.

두 번째는 휴지이다. 휴지는 강화된 글루텐의 힘을 느슨하게 해주기 위해 하는 것이다. 그러니 글루텐이 미미한 호밀에는 필요 없는 공정이다.

세 번째는 작은 분할이다. 호밀빵이 맛있으려면 충분한 굽기가 필요한데, 작게 분할한 반죽을 이렇게 구우면 껍질이 너무 강해지고 말라 버려 먹을 것 없는 빵이 되기 때문이다.

네 번째는 꽉 채운 발효이다. 호밀빵을 만들 때 가장 조심해야 할 것이 과발효이다. 호밀 반죽이 무거워 보이지만 생각보다 발효는 빠르므로 잘 부푼다고 마냥 지켜보고만 있으면 안 된다. 다른 빵들은 과발효가 되어 맛이 좀 떨어져도 먹을 수는 있다. 하지만 과발효된 호밀빵은 아예 못 먹는다. 과발효한 호밀빵을 자르면 칼에 달라붙는 것을 볼 수 있다. 이런 호밀빵은 이에도 다 달라붙는다. 아까워도 버릴 수밖에 없다.

# 100% 씨앗 호밀빵

호밀빵 하면 자유분방하게 제멋대로 갈라진 크랙이 제일 먼저 떠오릅니다. 거친 외모와는 달리 촉촉하고 부드러운 속살에 갖가지 향기가 있어요. 일단 한 번 맛보면 "호밀빵이 이렇게 매력 있는 빵이었어?" 하며 놀라곤 합니다.
독특한 빵 외모 때문인지 의외의 맛 때문인지 호밀빵은 왠지 어렵고 멀게만 느껴집니다. 하지만 호밀빵만이 가진 고유의 특성을 파악하고 접근하면 그리 어려운 것도 아닙니다. 오히려 다른 빵들에 비해 쉽다고 느껴질 정도로 확실하고 명료합니다. 시고 끈적한 빵이라고 외면받기도 하는 가엾은 호밀빵이 더는 오해 받지 않기를 바랍니다.

**전체 과정**

**사전 반죽**
21~23℃ 14~18시간
↙
**충전물**
전날 전처리
↙
**믹싱**
1단 3~5분
반죽 목표 온도 28~29℃
↙
**1차 발효**
28~29℃ 15~20분
↙
**분할**
600g
↙
**성형**
벽돌 모양
↙
**2차 발효**
28~29℃, 습도 80% 60~70분
↙
**굽기**
컨벡션 오븐 260℃ 예열
260℃ 30분, 210℃ 17~20분

**재료(600g×2개 분량)**

**사전 반죽**
호밀 스타터 11g(5%)
호밀 가루(밥스레드밀 다크 라이) 210g(100%)
물 185g(88%)

**본 반죽**
호밀 가루(밥스레드밀 다크 라이) 345g(100%)
물 300g(87%)
사전 반죽 전량
몰트 액 30g(9%)
소금 10g(2.8%)

**충전물**
구운 해바라기 씨 50g(15%)
구운 호박씨 50g(15%)
볶은 검은깨 15g(4%)
볶은 흰깨 15g(4%)
전처리용 물 50g(15%)

**토핑용 씨앗**
굽지 않은 해바라기 씨, 호박씨, 아니스 씨 적당량

**틀**
오란다 대

**만드는 방법**

### 1. 사전 반죽

① 실온의 물에 숙성된 호밀 스타터를 잘 푼다.

⊕ 분량의 물을 한꺼번에 모두 부으면 스타터 풀기가 어렵다. 물의 일부만 넣어 풀어 준 후에 나머지 물을 부어 섞어준다.

② 호밀 가루를 넣고 섞는다.

③ 실리콘 주걱에 물을 묻혀가며 반죽을 매끈한 공 모양으로 만들어 준다. 마르지 않게 덮어 21~23℃에서 14~18시간 발효한다.

⊕ 발효가 완료되면 매끈했던 표면이 갈라지고 구멍이 생긴다. 둥글던 반죽의 윗면도 어느 정도 평평해진다.

### 2. 충전물 전처리

① 해바라기 씨와 호박씨는 180~190℃에서 9~10분간 노릇하게 굽는다.

② 구운 씨앗과 깨에 전처리용 물을 부어 3~4시간 불린다.

1-① 1-① 1-② 1-③ 1-③ 2-②

### 3. 믹싱

① 반죽기에 소금, 몰트 액, 전처리한 충전물을 넣고 60℃의 물을 붓는다. 한 번 휘저은 후 사전 반죽을 넣어 잘 풀어 준다.

⊕ 이스트는 60℃가 넘으면 사멸한다. 이렇게 충전물과 뜨거운 물을 먼저 섞어 주면 사전 반죽과 뜨거운 물이 직접적으로 만나지 않아 안전하다.

② 호밀 사전 반죽이 다 풀리면 호밀 가루를 넣고 1단에서 3~5분간 믹싱한다.

⊕ 반죽이 찐득하여 고루 믹싱 되지 않기 때문에 중간에 서너 번 볼에 붙은 반죽을 긁어모으고 뒤집어가며 믹싱한다.

⊕ 끈적한 호밀 반죽은 스크래퍼에 물을 묻혀 떠내면 다루기 수월하다.

③ 반죽 목표 온도는 28~29℃이다.

3-① 3-① 3-②
3-② 3-② 3-③

**4. 1차 발효**

28~29℃에서 15~20분간 1차 발효한다.

**5. 분할 & 성형**

① 반죽과 작업대에 덧가루를 충분히 뿌리고 600g씩 분할한다.

② 반죽에 덧가루를 묻혀가며 벽돌 모양으로 모양을 잡는다.

③ 윗면에 물 스프레이를 가볍게 하고 토핑용 씨앗에 굴린다.

⊕ 호밀빵에는 주로 캐러웨이 씨앗을 사용하지만, 향이 조금 강한 편이다. 향이 강하지 않은 아니스 씨앗으로 선택해도 좋다. 아니스 씨앗은 다른 씨앗의 기름진 맛을 환기해주는 역할을 하며 취향에 따라 빼도 무방하다.

④ 틀에 넣는다.

4 5-① 5-② 5-② 5-③ 5-③ 5-③ 5-③ 5-④

### 6. 2차 발효

온도 28~29℃, 습도 80%에서 60~70분간 2차 발효한다.

⊕ 이 반죽은 많이 부풀지 않는다. 반죽이 틀 위로 살짝 올라오고 토핑용 씨앗 사이로 표면이 갈라지는 것이 보이기 시작하면 발효가 완료된 것이다.

### 7. 굽기

**컨벡션 오븐**

① 빵이 부풀어 올라올 여유 공간이 있도록 포일로 틀 전체를 감싼다.

⊕ 포일을 감싸주면 스팀 환경이 저절로 만들어지고 씨앗이 타는 것도 방지할 수 있다.

② 260℃로 30분간 굽는다.

③ 오븐에서 꺼내 포일을 제거하고 틀에서 반죽을 빼고 210℃에서 17~20분간 굽는다.

**데크 오븐**

윗면의 씨앗이 타지 않도록 포일이나 테플론 시트를 얹어 아랫불 240℃, 윗불 240℃로 맞추고 스팀 400g를 넣고 47~50분간 굽는다.

⊕ 굽는 온도는 각각의 오븐 사양에 따라 달라질 수 있다.

6 / 7-① / 7-① / 7-① / 7-② / 7-③

# 2단계법 100% 호밀빵

단맛과 풍미가 좋고 발효력이 좋아 만들기 수월하다는 생각 때문에 주로 3단계법으로 호밀빵을 만들어 먹곤 했습니다. 여기서는 2단계법 호밀빵을 소개합니다. 반드시 3단계법이 아니어도 2단계 발효만으로도 충분히 달고 부드러운 호밀빵을 만들 수 있습니다.

**전체 과정**

**1단계 사전 반죽**
21~23℃ 14~18시간

**2단계 사전 반죽**
28~29℃ 3~4시간

**믹싱**
1단 3~5분
반죽 목표 온도 28~29℃

**1차 발효**
10~15분

**성형**
둥근 성형

**2차 발효**
28~29℃, 습도 80% 50~60분

**굽기**
컨벡션 오븐 260℃ 예열
뚜껑 덮어 260℃ 30분
오븐 끄고 10분
210~220℃ 15분

**재료(지름 20㎝ 바구니 1,140g 1개 분량)**

**1단계 사전 반죽**
호밀 스타터 3g(5%)
호밀 가루(밥스레드밀 다크 라이) 60g(100%)
물 53g(88%)

**2단계 사전 반죽**
1단계 사전 반죽 전량
호밀 가루(밥스레드밀 다크 라이) 150g(100%)
물 150g(100%)

**본 반죽**
호밀 가루(밥스레드밀 다크 라이) 350g(100%)
물 350g(100%)
2단계 사전 반죽 전량
몰트 액 17g(5%)
소금 8g(2.2%)

**만드는 방법**

**1. 사전 반죽**

① 실온의 물에 숙성된 호밀 스타터를 잘 푼다.

분량의 물을 한꺼번에 모두 부으면 스타터 풀기가 어렵다. 물의 일부만 넣어 풀어 준 후에 나머지 물을 부어 섞어준다.

② 호밀 가루를 넣고 섞는다.

③ 실리콘 주걱에 물을 묻혀가며 반죽을 매끈한 공 모양으로 만들어준다. 마르지 않게 덮어 21~23℃에서 14~18시간 발효한다.

발효가 완료되면 매끈했던 표면이 갈라지고 구멍이 생긴다. 둥글던 반죽의 윗면도 어느 정도 평평해진다.

**2. 2단계 사전 반죽**

① 1단계 사전 반죽 전량에 35℃ 정도의 물을 붓고 잘 풀어준다.

② 호밀 가루를 넣고 섞는다. 반죽 온도는 28~29℃로 맞춘다.

③ 마르지 않게 덮어 28~29℃에서 3~4시간 발효한다.

발효가 완료되면 매끈했던 표면이 갈라지고 많은 구멍이 생긴다. 둥글던 반죽의 윗면이 퍼지며 전체적으로 구멍이 생기고 갈라지며 살짝 꺼지는 곳도 보이기 시작한다.

1-① 1-① 1-② 1-③ 1-③ 2-①

### 3. 믹싱

① 40℃의 물에 소금, 몰트 액, 2단계 사전 반죽 전량을 넣고 주걱으로 잘 풀어준다.

② 사전 반죽이 다 풀리면 호밀 가루를 넣고 1단으로 3~5분간 믹싱한다.

반죽이 찐득하면 고루 믹싱 되지 않는다면 볼에 붙은 반죽을 3~4번 긁어모으고 뒤집어 준다.

③ 반죽 목표 온도 28~29℃이다.

### 4. 1차 발효

10~15분간 1차 발효한다.

2-① 2-② 2-② 2-③ 2-③ 3-① 3-① 3-② 3-③

**5. 성형**

① 반죽과 작업대에 덧가루를 충분히 뿌린다.

② 반죽의 좌우를 모아 붙이고 위와 아래의 반죽을 끌어와 성형한다.

③ 이음매가 아래로 가도록 하여 거즈를 깐 발효 바구니에 넣는다.

⊕ 발효 바구니는 지름 20㎝ 높이 7~8㎝ 정도의 플라스틱 바구니를 사용했다.

**6. 2차 발효**

28~29℃, 습도 80%에서 50~60분간 발효한다. 이 반죽은 많이 부풀지 않는다. 부피가 20% 정도 커지고 표면이 살짝 갈라지면 발효가 완료된 것이다.

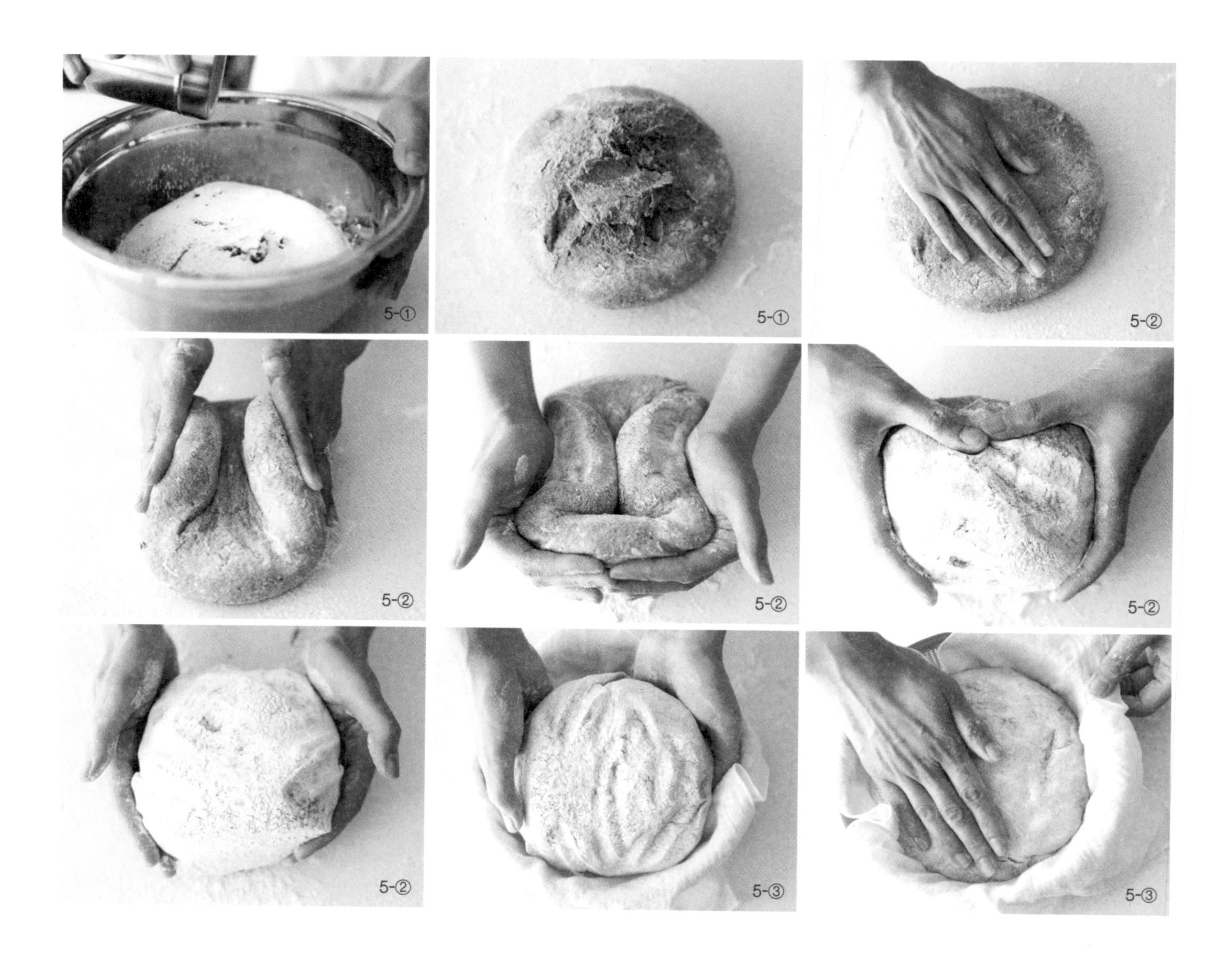
5-① 5-① 5-② 5-② 5-② 5-② 5-② 5-③ 5-③

### 7. 굽기

**컨벡션 오븐**

① 컨벡션 오븐은 베이킹 스톤이나 더치 오븐을 넣고 최고 온도로 예열한다.

⊕ 베이킹 스톤이나 더치 오븐 어떤 것도 사용할 수 있지만, 호밀빵은 크기가 크고 고온에 충분히 오래 구워야 하는 빵이기 때문에 뚜껑을 덮고 굽는 방법을 추천한다.

② 뚜껑을 덮은 채 최고 온도로 30분간 굽는다.

③ 뚜껑을 제거하고 오븐을 끈 채로 10분간 둔다.

④ 210~220℃로 15분간 굽는다.

⊕ 굽는 온도는 각각의 오븐 사양에 따라 달라질 수 있다.

**데크 오븐**

① 아랫불 270℃, 윗불 270℃로 예열하고 반죽을 넣고 스팀 700g(6초)를 넣는다.

② 아랫불 250℃, 윗불 240℃로 내려 20분간 굽고 오븐 댐퍼를 열어 25분간 더 굽는다.

③ 오븐을 끄고 10분간 오븐 문을 열어 말려준다.

⊕ 굽는 온도는 각각의 오븐 사양에 따라 달라질 수 있다.

2차 발효 시작

2차 발효 완료

6-1

6-2

6-2

7

# 61% 호밀빵

호밀빵에 선뜻 손이 가지 않는다면 호밀의 비율이 낮은 것부터 시작해 보세요. 가벼운 식감에 맛도 은은하여 호밀빵이 처음이라도 쉽게 친해질 수 있을 거예요.

**전체 과정**

**사전 반죽**
21~23℃ 14~18시간
↙
**믹싱**
1단 3분 2단 1분
반죽 목표 온도 27~28℃
↙
**1차 발효**
27~28℃ 90분
↙
**성형**
둥근 성형
↙
**2차 발효**
24~25℃, 습도 60~70% 30~40분
↙
**굽기**
컨벡션 오븐 260℃ 예열
260℃ 30분, 오븐을 끄고 10분
220~230℃ 10분

**재료(지름 20㎝ 바구니 947g 1개 분량)**

**사전 반죽**

호밀 스타터 8g(5%)
호밀 가루(밥스레드밀 다크 라이) 160g(100%)
물 140g(88%)

**본 반죽**

호밀 가루(밥스레드밀 다크 라이) 150g(43%)
밀가루(미노트리발티 T55 푸스 꼼트롤리) 200g(57%)
물 280g(80%)
사전 반죽 전량
소금 9g(2.5%)

**만드는 방법**

### 1. 사전 반죽

① 23~24℃의 물에 숙성된 호밀 스타터를 잘 푼다.

분량의 물을 한꺼번에 모두 부으면 스타터 풀기가 어렵다. 물의 일부만 넣어 풀어 준 후에 나머지 물을 부어 섞어준다.

② 호밀 가루를 넣고 섞는다.

③ 실리콘 주걱에 물을 묻혀가며 반죽을 매끈한 공 모양으로 만들어 준다. 마르지 않게 덮어 21~23℃에서 14~18시간 발효한다.

발효가 완료되면 매끈했던 표면이 갈라지고 구멍이 생긴다. 둥글던 반죽의 윗면도 어느 정도 평평해진다.

1-① 1-① 1-② 1-③ 사전 반죽 완료 1-③ 2-①

**2. 믹싱**

① 40℃의 물에 소금과 사전 반죽 전량을 넣고 주걱으로 잘 풀어준다.

② 사전 반죽이 다 풀리면 호밀 가루와 밀가루를 넣고 1단에서 3분, 2단에서 1분간 믹싱한다. 반죽이 찐득하여 고루 믹싱 되지 않는다면 볼에 붙은 반죽을 3~4번 긁어 모으고 뒤집어 준다.

③ 반죽 목표 온도는 27~28℃이다.

**3. 1차 발효**

27~28℃에서 90분간 1차 발효한다.

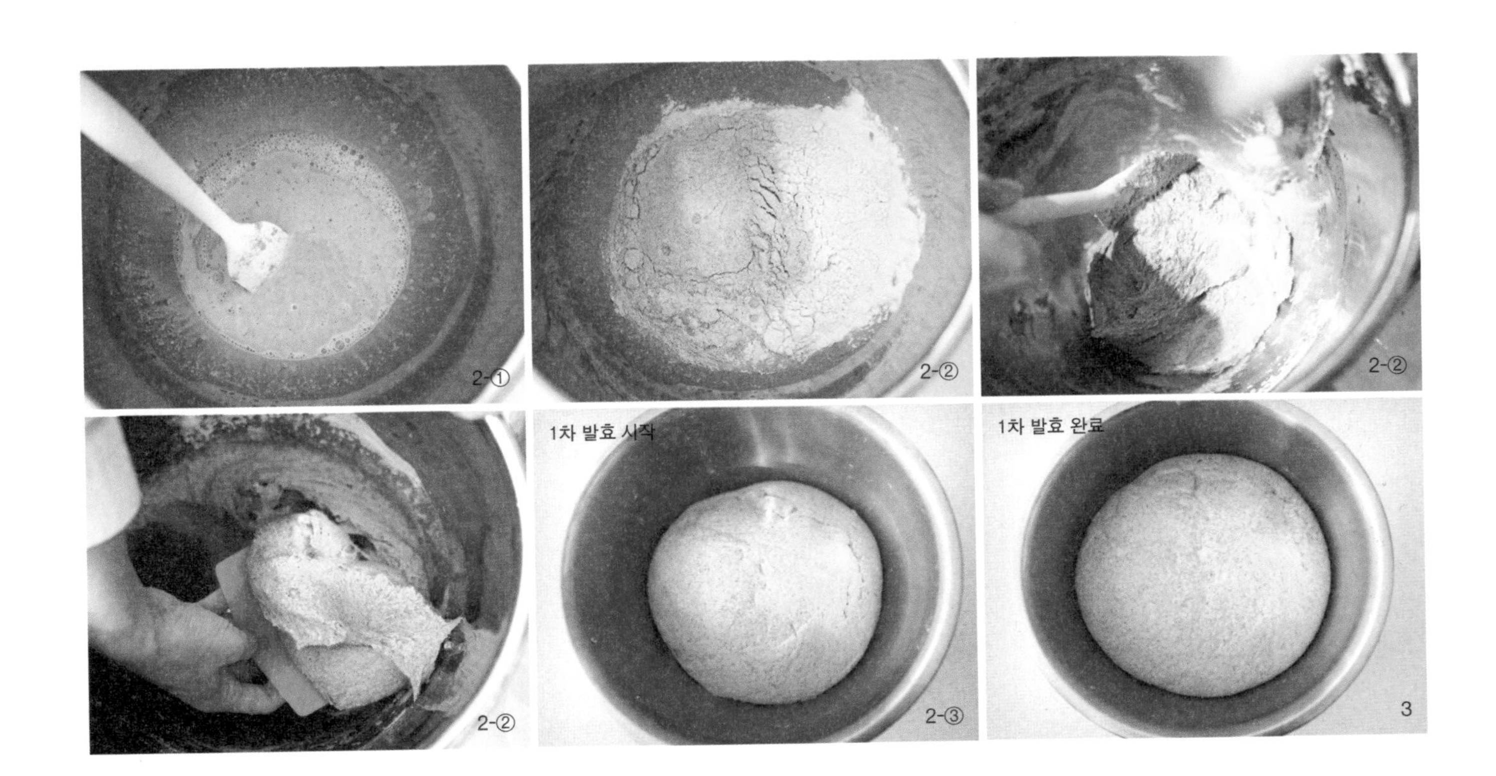

**4. 성형**

① 반죽과 작업대에 덧가루를 충분히 뿌리고 반죽을 작업대에 올린다.

② 반죽의 기포가 꺼지지 않도록 조심하여 반죽의 가장자리를 가운데로 모으고 이음매가 아래로 가도록 발효 바구니에 넣는다.

⊕ 발효 바구니는 지름 20㎝ 높이 7~8㎝ 정도의 플라스틱 바구니를 사용했다.

**5. 2차 발효**

24~25℃에서 30~40분간 2차 발효한다.

⊕ 반죽의 표면이 살짝 갈라지고 구멍이 생기기 시작하면 발효 완료이다.

### 6. 굽기

#### 컨벡션 오븐

① 컨벡션 오븐은 베이킹 스톤이나 더치 오븐을 넣고 최고 온도로 예열한다.

◦ 베이킹 스톤이나 더치 오븐 어떤 것도 사용할 수 있지만, 호밀빵은 크기가 크고 고온에 충분히 오래 구워야 하는 빵이기 때문에 뚜껑을 덮고 굽는 방법을 추천한다.

② 뚜껑을 덮은 채로 최고 온도로 30분간 굽는다.

③ 뚜껑을 제거하고 오븐을 끈 채로 10분간 둔다.

④ 220~230℃로 10분간 굽는다.

◦ 굽는 온도는 각각의 오븐 사양에 따라 달라질 수 있다.

#### 데크 오븐

① 아랫불 260℃, 윗불 260℃로 예열하고 반죽을 넣고 스팀 600g 넣는다.

② 아랫불 250℃, 윗불 240℃로 내려 20분간 굽고 오븐 댐퍼를 열어 30분간 더 굽는다.

◦ 굽는 온도는 각각의 오븐 사양에 따라 달라질 수 있다.